CORNELIS HEMMER
CORINNA HÖLZER

Wir tun was für Bienen

Wildbienengarten,
Insektenhotel und
Stadtimkerei

MIT KOSMOS MEHR ENTDECKEN
Zur Initiative
Deutschlandsummt!
SEIT 1822

KOSMOS

Zum Geleit

Bienen sind wunderbare Wesen. Klein, aber oho. Nicht nur die Honigbienen, auch die vielen Wildbienenarten zeigen in diesem Buch, was sie können und wie wertvoll sie für viele andere Tiere und uns Menschen sind. Die folgenden Seiten machen Lust, sich näher mit diesen faszinierenden Insekten zu befassen – nicht zu komplex und nicht zu einfach geschrieben. Das Buch ergänzt die bisherigen Aktivitäten der Initiative *Deutschland summt!* auf schöne Weise. Mögen viele Menschen animiert werden, im Kleinen das Große zu entdecken und das faszinierende Zusammenspiel zwischen Pflanzen und den Bienen ein wenig mehr zu verstehen und wertzuschätzen. Damit dem Zuspruch auch Taten folgen, gibt das Buch viele konkrete Anregungen, wie und wo wir alle im Privaten oder Beruflichen den Bienen etwas Gutes tun können. Und damit natürlich auch uns selbst.

Ich hoffe ich auf eine breite Leserschaft und viele neue Mitstreiter.

Herzlich,
Ihre

Daniela Schadt ist die Lebensgefährtin des ehemaligen Bundespräsidenten Joachim Gauck und war während seiner Amtszeit Schirmherrin von „Deutschland summt!“

Summen Sie mit?

Bienen haben eine Schlüsselrolle

Albert Einstein wird oft so zitiert: „Wenn die Biene stirbt, stirbt vier Jahre später auch der Mensch“! Auch wenn das Einstein-Institut diese Aussage dem berühmten Wissenschaftler gar nicht zuordnen kann, eignet sich diese Botschaft gut, um es auf den Punkt zu bringen: Es sind schlechte Zeiten für die Bienen, und wir Menschen sollten alles tun, damit es ihnen wieder besser geht. Wir sind angewiesen auf funktionierende Ökosysteme, und Bienen spielen eine Schlüsselrolle im weltweiten Netz der gegenseitigen Abhängigkeiten. Sie sind das „Scharnier“ zwischen Pflanzen- und Tierwelt. Viele nahrhafte Samen und Früchte sind gänzlich von den Bestäubungsleistungen der Bienen abhängig oder bilden ohne sie nur kümmerliche Früchte aus. Der Alarm, der um die Welt geht, bezog sich anfangs vor allem auf die Honigbiene. Denn bei einem Nutztier wird schneller als bei wildlebenden Tieren offenbar, wenn dieses nicht mehr „funktioniert“ wie gewohnt. Inzwischen ist bei vielen Menschen angekommen, dass wir die vielen bedrohten Wildbienenarten im Gegensatz zum Nutztier Honigbiene nicht einfach nachzüchten können. Deshalb brauchen sie unsere besondere Aufmerksamkeit.

Aufmerksamkeit wecken

Unsere Initiative *Deutschland summt! Summen Sie mit?* schaffte und verstärkte in den ersten Jahren besonders die Aufmerksamkeit gegenüber der Honigbiene, nahm aber gleichzeitig auch die anderen 546 bei uns heimischen Bienenarten in den Blick. Während sich weltweit nur neun unterschiedliche Honigbienen-Arten entwickelt haben, brachte die Evolution mehr als 20.000 Wildbienenarten hervor. Wir bringen diesen wichtigen Bestäubern eine hohe Wertschätzung entgegen und möchten Ihnen auf den folgenden Seiten aufzeigen, warum Hosen-, Seiden-, Blattschneider- oder Gartenwollbienen so liebens- und schützenswert sind. Wildbienen stehen in diesem Buch, wie auch in unserer Initiative, stellvertretend für die vielen anderen vom Aussterben bedrohten Insektenarten, die heimlich, still und leise unsere Erde verlassen, ohne dass wir überhaupt eine Ahnung davon haben, wie sie leben und welche wichtigen Funktionen sie übernehmen. Neueste Studien sind alarmierend: Insekten allgemein gehen sehr stark zurück!

Aktiv werden

Aufgerüttelt von Medienberichten und eigenen Beobachtungen fragen sich viele Menschen, was sie selbst tun können, um den Bienen zu helfen. Es gibt tatsächlich viele Mittel und Wege, dies zu tun. Eine breite Palette davon finden Sie in diesem Ratgeber. Wir hoffen, dass Sie durch manches Aha-Erlebnis beim Lesen und Ausprobieren Spaß daran finden, ihr eigenes Umfeld bienenfreundlich zu gestalten. Und es ist schön zu wissen, dass durch derlei Aktivitäten auch viele andere gefährdete Tiere und Pflanzen gefördert werden.

Bienen, Pflanzen, Lebensräume

Die Liebesboten der Pflanzen

Was bedeutet Bestäubung eigentlich wirklich? Wie funktioniert sie? Warum gibt es so viele verschiedene Blütenformen, -farben und -düfte? Es ist faszinierend zu sehen, wie Pflanzen und Insekten zusammenspielen und über Jahrmillionen eine unglaublich reichhaltige Natur entstanden ist. Schauen wir einmal etwas genauer hin.

Der Bestäubungs-Deal

Von Blütenbestäubung sprechen wir, wenn Wind, Wasser oder Tiere den männlichen Pollen auf die empfänglichen weiblichen Blütenteile einer Pflanze übertragen. Pflanzen haben hier unterschiedliche Strategien entwickelt, um für ihre Vermehrung zu sorgen. Tiere zum Beispiel werden von den Pflanzen auf spezielle Weise dazu animiert, den Pollenträger für sie zu spielen. Dabei herausgekommen ist eine „Win-win-Situation" für Tiere und Pflanzen. Und wir Menschen profitieren auch davon, wie wir gleich sehen werden.

Bestäubung durch den Wind Alle Gräser, darunter auch Mais, Weizen, und manche andere Pflanzen wie Erle, Birke oder Nadelbäume nutzen den Wind als Transportmittel, um ihre Pollen auf die weiblichen Pflanzenteile der Nachbarpflanzen zu übertragen. Da hier viel dem Zufall überlassen wird, produzieren windbestäubte Pflanzen typischerweise eine Unmenge an Pollen. Prinzip: Viel hilft viel. Pollenallergiker können ein Lied davon singen. All diese Pflanzen haben nur sehr unscheinbare Blüten. Sie können sich den Energieaufwand sparen, durch süßen Nektar oder auffallende Farbenpracht Insekten anzulocken.

Bestäubung durch Tiere Eine andere Methode der Pflanzen, sich zu vermehren, ist die, auf spezielle „Liebesboten" zu setzen. Diese sollen die Pollen der einen Blüte ganz gezielt zur weiblichen Narbe der nächsten Pflanze tragen. Zu diesem Zweck locken viele Blütenpflanzen mit den tollsten Düften, Farben, Formen und vor allem dem süßen Nektarsaft Tiere an, die den Pollentransport übernehmen sollen. Bestäuber sind bei uns Käfer, Fliegen, Schmetterlinge, Spinnen und vor allem Wild- und Honigbienen. Beim Krabbeln über die Blütenmitte hin zur Stelle, wo Nektar gesaugt werden kann, bleiben Pollen im Haarkleid der Bienen hängen. Diese werden beim Anflug auf die nächste Blüte eher zufällig an der Narbe abgestreift und befruchten sie auf diese Weise. Für die Biene selbst ist dies nur ein

Auch an der windbestäubten, früh blühenden Hasel suchen Bienen nahrhaften Pollen für ihre Brut.

Unsere Apfelernte wäre um ein Vielfaches geringer ohne Wild- und Honigbienen als Bestäuber.

unbemerkter Nebeneffekt. In den Tropen leisten auch Kolibris oder Fledermäuse diesen Dienst.

Ein Geschäft auf Gegenseitigkeit

Es ist quasi ein Geschäft auf Gegenseitigkeit: Ich gebe dir köstlichen Nektar und du trägst meine Pollen zur nächsten Pflanze. Schnell kamen die Bienen dabei auf den Geschmack des Pollens als Nahrung. Sie nutzen diese Eiweißbombe zur Aufzucht ihrer Larven. Vor allem die staatenbildenden Honigbienen und Hummeln, aber auch die solitär lebenden Wildbienen, haben im Laufe der Jahrmillionen das Einsammeln des feinen Blütenstaubs optimiert, um möglichst effektiv für ihre zahlreiche Brut sorgen zu können. Die Honigbienen schicken sogar spezielle Trupps an Arbeitsbienen los, die nur Nektar sammeln, und andere, die auf das Pollensammeln spezialisiert sind. Die Pollensammlerinnen nutzen dafür ein eigens aus Härchen bestehendes „Körbchen" an ihren Hinterbeinen. Dort wird der gesammelte Pollenstaub hineingebürstet und sicher nach Hause transportiert.

So funktioniert das Pollen sammeln

Die unterschiedlichen Wildbienenarten, die es bei uns gibt, sammeln den Pollen vor allem mithilfe längerer Haare am Bauch oder mit speziellen Bürsten an den Hinterbeinen. Am besten beschrieben ist das Sammeln bei der Honigbiene: Mit ihren Vorder- und Mittelbeinen holt sie den Pollen von Kopf und Brust und übergibt ihn an die Bürsten auf der Innenseite der Hinterbeine. Dann kämmt sie mit dem Kamm des gegenüberliegenden Beines die Bürsten aus und schiebt den Pollen in das Körbchen. Die Mittelbeine drücken den Pollen fest. Dabei entsteht ein Pollenhöschen, das in den Bienenstock getragen wird und den Larven als Futter dient. Manche Imker machen sich das zunutze und bauen sogenannte Pollengitter in das Einflugloch ein, um diesen Pollen zu „ernten". Er wird dort mechanisch von den Beinchen der Bienen abgestreift, bevor diese das Innere des Bienenstocks erreichen. So landen die nahrhaften Proteine anstatt in den Futterzellen der Bienenwaben in der Auffangschale des Imkers. Der Verbraucher weiß dieses „Geschenk" der Honigbienen hoffentlich genauso zu schätzen wie den Honig?

Blütenvielfalt: Konkurrenz um die bestmögliche Bestäubung

Als das Prinzip der Blütenpflanzen einmal „erfunden" war, sich bei der Verbreitung des Pollens durch Liebesboten helfen zu lassen, tobte der Konkurrenzkampf um die effektivste Bestäubung: Wer tatkräftige Helfer hatte, konnte sich stark vermehren. Das ist in der Natur das Maß aller Dinge: Sich gegenüber anderen zu behaupten und eine Nische zu finden, in der die eigene Art auf Dauer überlebensfähig ist. So brachte die Evolution die bunte Pracht der Blumen, Sträucher und Bäume hervor. Für jeden Blütentyp gibt es Spezialisten im Tierreich, die besonders „auf ihn fliegen". Die Spezialisierung geht so weit, dass manche Pflanze ihre Blüten derart ausbildet, dass nur eine einzige Wildbienenart überhaupt an deren Nektar gelangen kann. Die Pflanze richtet es so ein, dass die Biene beim Nektarsaugen in einer Weise über die Blüte kriechen muss, die gewährleistet, dass viel Pollen in ihrem Haarkleid hängen bleibt und später an der exakt richtigen Stelle wieder abgeladen wird. Unter den Pflanzen gibt es auch „Betrüger" wie etwa die Ragwurz-Arten. Diese Orchideen ahmen mit ihren Blüten ein Insektenweibchen nach und locken damit Männchen an. Diese versuchen die vermeintliche Partnerin zu begatten und bestäuben dabei die Pflanze.

Das nennt man Co-Evolution: Blütenpflanze und Bestäuberinsekt beeinflussen gegenseitig ihre Entwicklung zum Nutzen beider. Fehlt eine bestimmte Pflanzenart, kommt in dieser Gegend die davon abhängige Wildbiene nicht vor und umgekehrt. Vielfalt braucht Vielfalt. Und Vielfalt erzeugt Vielfalt.

Bienen-Ragwurz: Sie täuscht mit ihren Blüten Weibchen vor und wird durch Kopulationsversuche der Männchen bestäubt.

Was sind Bienenblumen?

Bienenblumen haben besondere Merkmale, die eine Bestäubung durch Bienen besonders effektiv machen. In Deutschland machen sich vor allem folgende Pflanzenfamilien die Bienen als Liebesboten zunutze: Schmetterlingsblütler (Faboideae), Lippenblütler (Lamiaceae), Raublattgewächse (Boraginaceae), Rosengewächse (Rosaceae), Korbblütler (Asteraceae) und Doldenblütler (Apiaceae). Insbesondere die letzten beiden Familien werden von einer Vielzahl unterschiedlicher Bestäuber angeflogen, also auch Fliegen, Käfern und Schmetterlingen.

Schmetterlingsblütler – viele Gemüsesorten und gut für den Boden

Die Pflanzen dieser Familie werden auch Hülsenfrüchte genannt. Sie werden auf unterschiedlichste Art und Weise vom Menschen genutzt – besonders beliebt sind bei uns Erbsen, Bohnen und Linsen. Es gibt

Lavendel gehört zur Familie der Lippenblütler und stammt ursprünglich aus der Mittelmeerregion.

Die Sonnenblume, ein Korbblütler, kam im Jahr 1552 aus Amerika nach Europa.

Honigbienen freuen sich über alte Rosensorten mit ungefüllten Blüten.

eine Vielzahl von Berichten über Interaktionen zwischen verschiedenen Tierarten und gerade dieser Pflanzenfamilie. Außerdem gehen ihre Wurzeln mit den sog. Knöllchenbakterien eine Symbiose ein, die viel Stickstoff binden. Daher sind die Schmetterlingsblütler für viele Ökosysteme und auch für landwirtschaftlich genutzte Böden als Stickstoffsammler sehr nützlich.

Lippenblütler – Gewürz- und Heilkräuter mit ätherischen Ölen

Diese Pflanzen sind weltweit in allen Klimazonen vertreten. Die Familie gliedert sich in sieben Unterfamilien und umfasst etwa 230 Gattungen und mehr als 7.000 Arten. Viele dieser Pflanzenarten zeichnen sich durch ätherische Öle aus, weshalb sie als Gewürz- oder Heilpflanzen genutzt werden. Mehr als 60 Arten werden allein in den gemäßigten Gebieten angepflanzt und viele Arten – etwa Minzen, Basilikum, Lavendel oder Salbei – werden als Gewürz- und Zierpflanzen genutzt.

Korbblütler – die Vielfältigste aller Blütenpflanzenfamilien

Die Familie der Asterngewächse enthält etwa 1.700 Gattungen mit über 24.000 Arten und ist weltweit auf allen Kontinenten und in allen Klimazonen, außer in der Antarktis, vertreten. In Europa gehört sie zu den artenreichsten Pflanzenfamilien.

Rosengewächse – Früchte zum Vernaschen

In diese Familie werden rund 90 Gattungen mit insgesamt etwa 3.000 Arten gestellt. Zu den Rosengewächsen zählen nicht nur die bekannten, wunderschön blühenden Rosen. Auch viele Pflanzen gehören dazu, deren Früchte für unsere Ernährung eine wichtige Rolle spielen, z. B. Apfel, Birne, Zwetschge, Kirsche und auch die Erdbeere.

Doldenblütler (hier Echter Kümmel) werden von einer Vielzahl unterschiedlicher Insekten aufgesucht.

In fast jedem Honig ist Vergissmeinnichtpollen. Klein, aber fein, so sehen es auch die Bienen.

Bestäubung gesichert

Bei den Pflanzen haben sich drei grundlegende Methoden entwickelt, um die Bestäubung zu gewährleisten:

1. Die Pflanze produziert sehr viele Pollen (Motto: Viel hilft viel) – dazu gehören alle windbestäubten Pflanzen.
2. Die Pflanze lockt viele unterschiedliche Bestäuber an (Motto: Einer wird's schon richtig machen) – dazu gehören z.B. Korbblütler und Doldenblütler.
3. Die Pflanze entwickelt hochspezialisierte Schlüssel-Schloss-Mechanismen, die nur wenige Spezialisten bedienen können (Motto: Weniger ist mehr) – dazu gehören z.B. viele Orchideenarten und Schmetterlingsblütler.

Doldenblütler – viele Gewürz- und Nahrungspflanzen

Diese Pflanzenfamilie enthält etwa 430 Gattungen mit etwa 3.800 Arten und ist weltweit in den gemäßigten Zonen vertreten. Zu den Doldenblütlern zählen viele Gewürz- und Nahrungspflanzen (z.B. Fenchel, Dill, Kümmel, Möhre).

Raublattgewächse – wärmeliebend und kleinblütig

Die Familie der Raublattgewächse enthält etwa 150 Gattungen mit rund 2.700 Arten und ist von den gemäßigten Breiten bis in die Tropen weltweit vertreten. Der Name Raublattgewächse deutet auf die charakteristische Behaarung der Blätter und Stängel hin, die viele der mitteleuropäischen Arten besitzen, wie z.B. das Vergissmeinnicht.

Das eine hängt vom anderen ab

Auch ohne tierische Mithilfe fällt der ein oder andere Pollen einer Blüte, zum Beispiel einer Erdbeere, auf den weiblichen Blütenteil, die dann auch eine Frucht ausbildet. Sie kennen sicherlich die kleinen, verknorpelten, hellroten Früchtchen, die man getrost übersieht, wenn man auf einem Erdbeerfeld selbst erntet. Die großen,

Eigene Äpfel gemeinsam zu ernten – gibt es etwas Schöneres? Huckepack kommt man ein Stück weiter nach oben.

saftigen Früchte entstehen nur, wenn vorher eine Biene ihre Arbeit erledigt hat. Danke, liebes Bestäuberinsekt!

Der Ertrag an Samen und Früchten einer Pflanze wird also größer und die Ausbildung der Früchte gleichmäßiger, wenn die Pollen ordentlich und fachgerecht auf die Narbe gebracht werden. In unserer heutigen Welt leben Pflanzen und Tiere unter weniger stabilen Umweltbedingungen als noch vor der industriellen Revolution vor 200 Jahren. Unter den Bedingungen des Klimawandels und überhaupt seitdem der Mensch massiv in die Ökosysteme eingreift und Böden verdichtet oder ständig umgräbt, Feinstaub in der Luft liegt, Schadstoffe in Boden und Wasser eingebracht werden usw. profitieren diejenigen Pflanzengruppen, die auf Flexibilität setzen. Je mehr eine Pflanze auf unterschiedliche Bestäuber mit vielen verschiedenen Eigenschaften setzt, umso sicherer kann sie sein, dass ihre Blüten wirklich optimal bestäubt werden. Wenn zur Obstblüte wegen kalter Witterung keine Honigbiene fliegt, braucht es eben Wildbienen, die bei diesem Wetter noch vor die Tür gehen. Unter stabilen Umweltbedingungen kann es aber durchaus von Vorteil sein, als Pflanze nach dem Schlüssel-Schloss-Prinzip nur eine Bienenart für ihre ganz spezielle und effektive Art der Bestäubung zu belohnen.

Erfindungsreiche Pflanzen

Pflanzen produzieren Pollen natürlich für ihre eigene Fortpflanzung. Sie haben ein Interesse daran, dass Bienen diese Pollen auf möglichst viele Blüten der eigenen Pflanzenart verteilen. Damit das passiert, muss eine Biene möglichst oft diese Pflanzenart anfliegen. Damit nicht zu viele Pollen im Magen der Bienen anstatt auf den nächsten Blüten landen, haben manche Pflanzen ausgeklügelte Systeme erfunden, mit denen nur diejenigen Bienen an Pollen und Nektar gelangen, die bei der Blüte den richtigen Mechanismus auslösen und wie der Schlüssel zum Schloss passen. Mehrmaliges Betätigen desselben Mechanismus an unterschiedlichen Blüten einer Pflanzenart führt dann zur optimalen Bestäubung. Einige Beispiele aus der Familie der Schmetterlingsblütler:

» Beim Klappmechanismus drückt die Biene das „Schiffchen“ der Blüte nach unten. Sie wird dadurch an der Bauchseite von den Staubbeuteln berührt. Ein Beispiel ist die Saat-Esparsette.

- Manchmal ist die „Fahne" der Blüte am Ende zu einer langen Kanüle umgebildet. An deren Spitze tritt Pollen portionsweise heraus, wenn die Biene die Fahne herabdrückt. Dieser Mechanismus kommt bei Lupinen, Hauhechel und Hornklee vor.
- Schnell- oder Explosionsmechanismen funktionieren nur ein einziges Mal: Die Staubgefäße und der Griffel sind nach unten gespannt und im Schiffchen in dieser Position fixiert. Wird das Schiffchen durch den Blütenbesucher heruntergedrückt, löst sich die Fixierung und die Staubgefäße schnellen nach oben. Ein Beispiel ist der Schneckenklee. Beim Besenginster wiederum schnellen bei leichtem Druck nur die fünf kürzeren Staubgefäße nach oben, bei stärkerem Druck zusätzlich die fünf längeren.

Bestäubung – und dann?

Wurde eine Pflanze erfolgreich bestäubt, entwickeln sich im Fruchtknoten die Samen. Aber wie werden die nun verbreitet? Die Pflanze nutzt dafür oft den Wind und entwickelt Schirmchen (z.B. Löwenzahnsamen), Propeller (z.B. Ahornsamen) oder segelartige Strukturen, die den Samen weit weg tragen. Ein anderer Einfall der Natur war es, die Pflanzensamen in leckere Früchte zu verpacken. Die Früchte werden von verschiedensten Tieren gerne verspeist und die Samen dann durch den Kot verbreitet. Somit tragen vor allem Wildbienen durch ihre Bestäubungsleistung maßgeblich dazu bei, dass Wildkräuter und andere Pflanzen mit ihren Früchten viele wildlebende Tiere ernähren können.

Wer bestäubt besser: Honigbiene oder Wildbiene?

Unsere allseits bekannte Honigbiene ist nur eine von etwa 580 Bienenarten in Deutschland, die durch ihre Bestäubungsleistung zur Pflanzenvielfalt beitragen. Anfang des Jahres 2013 berichtet eine große internationale Forschergruppe im anerkannten Wissenschaftsmagazin „Science", dass wildlebende Insekten in allen untersuchten Anbausystemen einen positiven

Schmetterlingsblütler haben unterschiedliche und oft recht raffinierte Bestäubungsmechanismen entwickelt.

Bienen bestäuben die Pflanze, es entstehen Samen bzw. Früchte, die durch Tiere oder den Wind verbreitet werden.

Effekt auf den Fruchtansatz hatten. Bei Honigbienen war dieser Effekt erstaunlicherweise nur in 14 Prozent der untersuchten Anbausysteme statistisch nachweisbar, unter anderem bei Rotklee und Kürbis. Generell erschien den Forschern die Effektivität der Bestäubungsleistung bei Wildbienen doppelt so hoch wie bei Honigbienen. Sie vermuten den Grund darin, dass Wildbienen den Pollen in besserer Qualität auf die Narbe der Blüten aufbringen.

Honigbienen sind wenig wählerisch

Honigbienen gehören zu den Generalisten unter den Bienen. Ihre Körperform, ihr Rüssel, ihre Behaarung, ihr Sammeleifer und die Aufteilung in Nektar- und Pollensammlerinnen erlauben es, sich an vielen unterschiedlichen Pflanzen zu laben. Sie finden viele Blütenformen und -farben attraktiv und tragen deren Nektar in den Bienenstock ein. Diejenigen Honigbienen, die dem „Beruf" des Pollensammelns nachgehen (siehe Seite 31) bringen gerne auch Pollen der windbestäubten Pflanzen nach Hause, wie z. B. Mais- oder Haselnusspollen. Wie wir weiter oben schon gesehen haben, produzieren diese Pflanzen besonders viele Pollen. Eine lohnende Sache also, hier zu sammeln. Der Pollen ist dabei Belohnung genug, denn Nektar interessiert die Pollensammlerinnen nicht. So freuen sich die Imker praktisch über alle Gewächse, die ihnen ein starkes Volk, eine gute Pollenversorgung und viel Honig bescheren.

Achtung Nektarraub! Bienen als Betrüger

Nicht immer nützt der Blütenbesuch von Bienen der Pflanze auch zur Fortpflanzung. Manche Bienen rauben Nektar, ohne mit dem Pollen in Berührung zu kommen. Wie das? Bienen mit starken Mundwerkzeugen, wie z. B. die Holzbiene und manche Hummelarten, haben gelernt, dass sie nicht auf Nektar verzichten müssen, nur weil ihr Körper zu dick und ihre Zunge zu kurz ist für langgestreckte Blütenformen. Sie stechen oder beißen einfach von außen ein Loch am Blütengrund dort, wo der Nektar sitzt. Durch diese Öffnung saugen sie den süßen Saft, ohne vorher im Pollen gebadet zu haben. Die Pflanzen werden also nicht bestäubt. Dieses Loch wird von den nachfolgenden Blütenbesuchern, auch von Honigbienen, gerne genutzt, um ebenfalls einfach und schnell an viel Nektar zu kommen! Dieser Diebstahl reduziert natürlich den Nektar in den Blüten stark, weswegen nachfolgende Bestäuber die durch Bisslöcher markierten Blüten meiden. Es gibt eben in jeder wechselseitigen Beziehung für eine der beiden Parteien die Möglichkeit, die Situation auszunutzen.

Tipp: Wenn Sie viele Hummelarten fördern möchten, pflanzen Sie nicht zu viele unterschiedliche Blumen. Hummeln sind nämlich blütenstet und freuen sich über größere Flächen derselben Blüte zu einer Zeit. Die Insekten müssen nämlich jedes Mal neu lernen, wie mit der einen oder anderen Blütenform umzugehen ist. Da liegt es dann nahe, eine Abkürzung zu gehen und einfach Nektarraub zu betreiben.

Honigbienen mögen Monokulturen

Honigbienen sind blütenstet. Das bedeutet, dass sie mit ihrem Staat eine großflächig blühende Nektarquelle so lange besuchen, bis diese verblüht ist. Während der Kirsch-

Mohn aus Asien ist schön, aber an unseren Klatschmohn sind noch mehr heimische Tiere angepasst.

Solange der Raps blüht, ist alles prima! Danach ist hier für die Bienen nichts mehr zu holen.

blüte fliegen sie hauptsächlich Kirschbäume an und zur Apfelblüte fliegen sie auf Apfelbäume. Blühende Rapsfelder sind ein Schlaraffenland, zumindest wenn sie nicht mit bienenfeindlichen Pestiziden besprüht sind. Entlang von Monokulturen können Imker Abermillionen Honigbienen ausfliegen lassen, die im Handumdrehen unsere Obstplantagen und Gemüsefelder bestäuben. Das beschert den Landwirten eine reiche Ernte und dem Imker volle Honigwaben. Angesichts der zunehmenden, großflächigen Monokulturen brauchen wir Menschen die Honigbiene mit ihrem großen Flugradius heute mehr als früher. Sie gilt in landwirtschaftlichen Kulturen daher trotz der guten Bestäubungsleistungen der Wildbienen derzeit als eine der wichtigsten Bestäuberinnen weltweit.

Honig- und Wildbienen im Teamwork

„Ohne die Honigbiene wäre die Ernährungssicherung heutzutage eine Katastrophe. Deshalb müssen wir die Honigbiene retten!" Das kann man heute immer öfter hören. Diese Aussage ist vor allem unter den Gegebenheiten einer hoch industrialisierten Landwirtschaft richtig. Honigbienen fliegen natürlich dort, wo sie ihr Imker zuvor hingesetzt hat, z. B. an ein Rapsfeld. Sie helfen uns heute als Nutztiere, die Arbeit zu erledigen, die normalerweise wildlebende Insekten bewerkstelligen. „Die Vielfalt der Bestäuberinsekten hat durch Eingriffe des Menschen vor allem in industrialisierten Agrarlandschaften drastisch abgenommen, sodass die Bestäubung der Pflanzen durch Wildbienen inzwischen gefährdet ist und wir auf Honigbienen zurückgreifen müssen", sagt die Agrarökologin Prof. Dr. Alexandra-Maria Klein von der Universität Freiburg im Breisgau. Die von Insekten abhängigen Kulturpflanzen wie Kakao, Kaffee, Cashew, Tomaten, Himbeeren oder Mangos nahmen in den letzten 50 Jahren weltweit übrigens um 400 Prozent zu. Im Vergleich stieg die Anzahl der Honigbienen im gleichen Zeitraum nur um 45 Prozent.

Lebensräume im Wandel

Schauen wir uns an, wie reich unsere heimischen Landschaften noch vor etwa 100 Jahren strukturiert waren! In erstaunlich kurzer Zeit hat sich das Landschaftsbild rapide verändert. Es ist eintönig geworden. Vielen Tieren, so auch den Bienen, reichen kurze Zeitspannen nicht aus, um sich den ständig wechselnden Bedingungen erfolgreich anzupassen. Und doch sind sie in der Lage, auch und gerade dort zu überleben, wo wir es gar nicht unbedingt vermuten.

Pflanzeninvasion aus fremden Ländern

Im Jahr 1492 entdeckte Christoph Kolumbus Amerika und brachte von dort die Kartoffel mit nach Europa – ein Gewinn für die Menschen. Der Amerikanische Stinktierkohl, ein Aronstabgewächs, der fünfhundert Jahre später den Weg nach Deutschland fand, ist das wohl eher nicht. Der riecht nämlich so, wie er heißt, und ist völlig ungenießbar. Er hat sich in einigen Gegenden Deutschlands zum Problem entwickelt, weil er einheimische Pflanzen durch hemmungsloses Wachstum verdrängt.

Seit Kolumbus gelangen durch weltweiten Handel von Gütern aller Art und unsere Lust am Reisen ständig neue, fremde Pflanzen zu uns. Sie verdrängten mitunter einheimische Pflanzenarten und verändern damit die etablierten ökologischen Zusammenhänge. Heute geschieht das massiver und schneller als je zuvor. Die Riesen-Herkulesstaude, das Drüsige Springkraut, die Kanadische Goldrute und das Beifußblättrige Traubenkraut (Ambrosia) sind wohl die bekanntesten Arten, die sich seit Jahrzehnten ausbreiten, weil sie keine natürlichen Fressfeinde oder pflanzliche Konkurrenten haben. Viele dieser Gewächse vermehren sich durch ihre Samen und oft noch zusätzlich durch lange Wurzelausläufer. Diese können Substanzen in den Boden abgeben, die das Wachstum unserer heimischen Pflanzen hemmen. Inzwischen ist vielen Städten und Gemeinden bewusst, welche Schäden diese Exoten in den natürlichen Lebensräumen unserer Pflanzen- und Tierwelt anrichten. Die Mitarbeiter kommunaler Einrichtungen und Naturschutzverbände versuchen, die Pflanzen zu entfernen und Bürger zu motivieren, in ihren Gärten auf diese Pflanzen zu verzichten, denn gerade von dort breiten sie sich oft unkontrolliert aus.

Wohlüberlegter Umgang mit Neophyten

Pflanzen wie Sachalin-Knöterich, Kanadische Goldrute oder Götterbaum werden von vielen Imkern gerne als „tolle Bienenweiden“ gelobt, vor allem, wenn sie ergiebige Spättrachten darstellen. Bei derartigen Bewertungen von Pflanzen lohnt sich oft ein zweiter Blick bzw. die Einordnung in die Gesamtheit der Lebensräume und der gegenseitigen Abhängigkeiten. Klar freut es das Imkerherz, wenn sich seine Nutztiere in der Landschaft gut versorgen können.

Kanadische Goldrute: Bei Insekten beliebt, doch wo sie wuchert, wächst kein heimisches Kraut mehr.

Vergessen wir dabei aber nicht den Blick auf andere heimische Bestäuber, Tier- und Pflanzenarten!

Der Zentralverband Gartenbau e.V. listete schon im Jahr 2008 zusammen mit dem Bundesamt für Naturschutz 40 „invasive" Arten auf, die sich durch hemmungsloses Wachstum auszeichnen und heimische Gewächse verdrängen. Ihre Pflanzungen sind nur eingeschränkt vorzunehmen. Da viele dieser Arten eine Bedeutung im Gartenbau haben, gibt es eine Selbstverpflichtung der Gartenbaubetriebe, auf viele dieser Arten zu verzichten oder sterile Arten zu verwenden. Drüsiges Springkraut, Schmetterlingsbaum und Götterbaum sollen nicht mehr außerhalb von Siedlungsbereichen ausgesät oder angepflanzt werden. Fremdländische Goldrutenarten sollen nicht mehr in öffentlichem Grün verwendet werden. Bei Nutzpflanzen, wie z.B. Brombeeren, sind heimische Arten einzusetzen, auch wenn diese nicht so große Früchte hervorbringen. In der Tabelle (Seite 18) führen wir aus der Gesamtliste nur die für Honigbienen interessanten Pflanzen auf.

Tipps zum Umgang mit invasiven Arten

1. Entsorgen Sie Ihre Gartenabfälle nie „wild" in der freien Natur.
2. Schneiden Sie Blütenstände des abgeblühten Schmetterlingsbaumes vor der Samenreife ab und werfen Sie diese, ebenso wie ganze Pflanzen, nicht in den Kompost.
3. Beherzigen Sie die Empfehlungen des Bundesamtes für Naturschutz!
4. Nutzen Sie keine Saatgutmischungen, die invasive Arten enthalten. Bevorzugen Sie heimisches und zertifiziertes Saatgut.

Umgang mit invasiven Arten	
Ziergewächse	**Bewertung**
Riesen-Bärenklau *(Heracleum mantegazzianum)*	***
Gewöhnlicher Japan-Knöterich *(Fallopia japonica)*	**
Sachalin-Knöterich *(Fallopia sachalinensis)*	**
Bastard-Knöterich *(Fallopia x bohemica)*	**
Vielblättrige Lupinie *(Lupinus polyphyllus)*	**
Drüsiges Springkraut *(Impatiens glandulifera)*	*
Kanadische Goldrute *(Solidago canadensis)*	*
Späte Goldrute *(Solidago gigantea)*	*
Drüsige Kugeldistel *(Echinops sphaerocephalus)*	*
Gehölze	
Kartoffel-Rose *(Rosa rugosa)*	**
Armenische Brombeere *(Rubus armeniacus)*	**
Eschen-Ahorn *(Acer negundo)*	*
Götterbaum *(Ailanthus altissima)*	*
Schmetterlingsstrauch *(Buddleja davidii)*	*
Gewöhnlicher Bocksdorn *(Lycium barbarum)*	*
Gewöhnliche Schneebeere *(Symphoricarpos albus)*	*

* (nur) im Stadtgarten akzeptabel
** in Gärten und offener Landschaft lieber vermeiden
*** auf jeden Fall zu vermeiden.
Ausführliche Informationen: www.neophyten.de

Lebensraum Land

Dort, wo kleinbäuerliche Strukturen mit Mischkulturen, Feldrainen, Hecken etc. zum normalen Landschaftsbild gehör(t)en, profitieren die Bauern von der reichhaltigen Flora und Fauna. Neben den Honigbienen des Dorfimkers sorgen unterschiedlichste Wildbienenarten und andere Bestäuberinsekten für eine flächendeckende Bestäubung. Ihr Flugradius von einigen hundert Metern reicht aus, um an die Blüten der Wildsträucher wie auch an die der landwirtschaftlichen Nutzpflanzen zu gelangen. Untersuchungen der seit Ende der 1990er Jahre bestehenden internationalen Bestäuber-Initiative der Welternährungsorganisation FAO zeigen, dass z. B. US-amerikanische Farmer mehr oder weniger unabhängig vom Einsatz der Imker sind, wenn im Umkreis ihrer Äcker vielfältige Blühstrukturen vorhanden sind. Sie kommen mit den natürlicherweise vorkommenden Wildbienen aus (siehe dazu z. B. www.InternationalPollinatorsInitiative.org).

Jährlich werden in Deutschland über 40.000 Tonnen mit 250 Wirkstoffen in insgesamt 691 verschiedenen Pflanzenschutzmitteln ausgebracht.

Was wir neben der Gesunderhaltung der Honigbienen (siehe Seite 38 ff.) dringend brauchen, ist eine Rückbesinnung auf naturnahe Strukturen der Landschaften. Wir brauchen eine Stärkung von gesunden Ökosystemen, die das „Netz des Lebens" zusammenhalten. Wir müssen deshalb nicht zwangsläufig auf Monokulturen verzichten, solange wir diese mit vielfältigen Ackerrandstreifen umgeben und ihre Flächen nicht so groß sind, dass sich in ihrer Mitte keine wildlebenden Bestäuberinsekten mit geringem Flugradius einfinden können. Mittelfristig würde die Beförderung von Mischsaatkulturen helfen, ausreichend Futterquellen zu schaffen. Und auch der Einsatz von Pflanzenschutzmitteln ließe sich dadurch deutlich verringern.

Apropos Pflanzenschutz

Die moderne, industrielle Landwirtschaft entschloss sich vor einigen Jahrzehnten, die Schädlingsbekämpfung auf unseren Äckern allein in die Hände der Landwirte und Chemieunternehmen zu legen. Eine fatale Entscheidung, dabei die effektive Mithilfe der Nützlinge einfach außer Acht zu lassen. Als es noch keine synthetischen Mittel gegen Unkräuter, Insekten, Pilze, Viren und Bakterien gab, bildete neben dem regelmäßigen Pflegen und Jäten das Netz des Lebens die „Schädlingsbekämpfungstruppe": Vögel, Igel, Insekten, Amphibien und Reptilien futterten täglich tonnenweise Schädlinge von unseren Kartoffeln, Möhren oder sonstigen Nutzpflanzen. In der ökologischen Landwirtschaft wird nach wie vor auf die Unterstützung durch Nützlinge gesetzt. Allerdings ist es (bisher) preiswerter – da von der Europäischen Union subventioniert – mit chemisch-synthetischen Mitteln große Monokulturen zu bewirtschaften, anstatt Mischkulturen mit alternativen Methoden schädlingsfrei zu halten. Vor allem die Gruppe der Neonicotinoide hat katastrophale Auswirkungen auf das Nervensystem von Insekten, also auch Bienen. Seit Jahren diskutiert die Politik über die Wirkung dieser Substanzen. Ein vollständiges Verbot steht aber noch aus, auch wenn erste Schritte nun getan sind. Was wir selbst tun können, um Lebensräume für Bienen zu schaffen oder zu erhalten, zeigt v.a. das Kapitel „Hilfe für die Wildbienen" (siehe Seite 77 ff.).

Lebensraum Stadt

Städte waren lange Zeit Orte, an denen niemand eine Vielfalt an wildlebenden Pflanzen und Tieren einplante, vermutete oder willkommen hieß. Sie waren nicht auf unserem Radarschirm. Städte dienten uns als Arbeits- und Wohnstätte und hatten kulturelle Angebote zu machen. Die Natur musste man „draußen auf dem Land" genießen. Inzwischen ist dort draußen oft nicht viel mehr als monotones Grün oder Gelb zu entdecken. Mais und Raps dominieren in so manchem Landstrich das Landschaftsbild. Städte hingegen werden immer vielfältiger, unter anderem durch den Einfluss von Naturschutzgruppen, die dort Kommunalverwaltungen und Bürger anstiften, den Lebensraum Stadt lebenswert(er) zu gestalten. Gärten und Parkanlagen, Waldstücke, Teiche, Uferzonen und Brachflächen usw. bieten enorm viele Kleinstrukturen, trockene Sonnenplätze und schattige Feuchtstellen. Nachweislich fördert die Strukturvielfalt die Artenvielfalt. Allerdings ist

Einen Hort für Insekten anlegen

Jeder kann etwas tun – fangen Sie einfach in Ihrem Garten, auf Ihrem Stück Land, vor Ihrer Haustüre an! Tun Sie es Markus Gastl aus Beyerberg in Mittelfranken gleich. Mit seiner Vision hat er es geschafft, aus einer artenarmen Fettwiese einen Garten zu entwickeln, der innerhalb von nur fünf Jahren in den Reigen der „Gartenschätze in Bayern – 70 Parks und private Gärten zum Entdecken und Genießen" aufgenommen wurde (www.hortus-insectorum.de). Sein Leitspruch: Auch wir sind Teil dieser unendlich vernetzten Welt und verantwortlich für das, was um uns herum passiert! Auf seiner Webseite erfahren Sie mehr über Exkursionstermine, seine Vorgehensweise, die Schritt-für-Schritt-Entwicklung seines Hortus und viele zahlreiche Tipps und Tricks, die bei der Gestaltung des kleinen Paradieses eine Rolle gespielt haben.

Wichtige Frühblüher im „Drei-Zonen-Garten", über den Markus Gastl ein gleichnamiges Buch schrieb.

Artenvielfalt an sich nicht immer das einzige Qualitätsmerkmal für einen Lebensraum. Wenn sich Füchse, Wildschweine, Krähen oder Spatzen zunehmend in Innenstadtbereichen aufhalten und dort von Abfällen profitieren, der Asiatische Marienkäfer konkurrenzstärker als unser einheimischer ist oder pflanzliche Exoten in Parkanlagen nur durch menschliches Zutun vermehrt und am Leben gehalten werden können, zeugt das nicht von einer funktionierenden Lebensgemeinschaft. Eigentlich ist nur Vielfalt, die in der Lage ist, sich selbst zu erhalten oder weitere Vielfalt zu erzeugen, eine, auf die wir bauen können.

Bezogen auf die Bienen bedeutet dies: Nur dort, wo Pflanzen auch von ihnen bestäubt werden wollen und sie mit Nektar locken, finden sich Bienen ein, die auf diese Pflanzen spezialisiert sind. Ein „gut gepflegter", artenreicher Park mit vielen exotischen Pflanzen und Zuchtformen großblütiger, gefüllter Blüten nützt den Wildbienen wenig. Berlin zählt zu den artenreichsten Großstädten Europas, listet aber dennoch rund 40 Prozent der dort ursprünglich vorkommenden Wildbienenarten auf der Roten Liste. Lernen wir also die Bedürfnisse der unterschiedlichen Bienen kennen und fangen wir an, ihnen unter die Flügel zu greifen. Die Beschäftigung mit der Stadtimkerei und dem urbanen Gärtnern kann gerade bei Großstadtmenschen eine neue Nähe zur (Stadt-)Natur herstellen. Durch ein tieferes Verständnis für die Zusammenhänge können am Ende hoffentlich Rückschlüsse gezogen und Maßnahmen ergriffen werden, die den Zerfall funktionierender Lebensgemeinschaften, besonders auf dem Land, stoppen helfen.

Honigbienen

Die Honigbiene – ein Erfolgsmodell

Die Honigbiene macht ihrem Namen alle Ehre: Sie erzeugt Honig. Bevor der Mensch auf den Geschmack des süßen Goldes kam und vor gut 8.000 Jahren begann, die Honigbiene zu domestizieren, versorgten sich diese Insekten so, wie es andere wildlebende Insekten auch tun: selbstständig. Sie taten dies sehr erfolgreich über viele Jahrmillionen. Die älteste nachgewiesene Honigbiene, eine *Trigona prisca*, wurde in einem Bernstein in dem US-Bundesstaat New Jersey gefunden und wird auf ein Alter von etwa 80 Millionen Jahre geschätzt!

Honigbienen weltweit

Weltweit haben sich nur neun unterschiedliche Honigbienenarten entwickelt. Sie machen damit nur einen Bruchteil der geschätzten 20.000 verschiedenen Bienenarten aus, die unsere Erde bevölkern.
In Europa, Asien und Afrika ist die Gattung *Apis* zu Hause. Sie sind meist höhlenbrütende Bienen. In Amerika kamen natürlicherweise keine Honigbienen vor, bevor Imker die Westliche Honigbiene dort etablierten. Die sogenannte Westliche Honigbiene *(Apis mellifera)* lebt in Europa, die Östliche Honigbiene *(Apis cerana)* in Asien.

Riesenhonigbienen (Apis dorsata) errichten über Jahrzehnte ihre Nester in denselben Bäumen.

Sechs der neun weltweit vorkommenden Honigbienenarten sind ausschließlich in den Tropen zu Hause (v. a. Borneo, Sri-Lanka, Südost-Asien und Indien). Ihre Waben stehen meist frei am Fuße eines Baumes oder hängen in Baumkronen, andere werden in offenen Felsspalten angebracht. In Borneo sind gleich sechs Honigbienenarten vertreten, u. a. zwei Arten der Riesenhonigbiene und beide Arten der Zwerghonigbiene. Unglaublich! Dieses Land zeichnet sich nicht nur bei Insekten und Spinnen, sondern auch bei Säugern, Vögeln, Pflanzen und anderen Artengruppen durch eine extrem hohe Vielfalt aus. Neben der Gattung *Apis* gibt es in den Tropen und Subtropen rund um die Welt noch sogenannte stachellose Bienen der Gattungen *Melipona* und *Trigona*.

Staatenbildende Superorganismen

Honigbienen können als einzelne Individuen nicht überleben. Sie leben in einem großen Staatenverbund und funktionieren nur in diesem Kollektiv. Diese Gesamtheit

Verbreitung der Honigbienen weltweit	
Neun Honigbienenarten	**Vorkommen**
Westliche Honigbiene oder Europäische Honigbiene *(Apis mellifera)*	ursprünglich Europa, Afrika, Naher Osten; inzwischen durch den Menschen weltweit verbreitet
Östliche Honigbiene oder Asiatische Honigbiene *(Apis cerana)*	Indien, Sri Lanka, Südost-Asien, Borneo, Japan
Asiatische Rote Honigbiene oder Rote Honigbiene *(Apis koschevnikovi)*	Borneo
Asiatische Bergbiene *(Apis nuluensis)*	Malaysia, Borneo
Riesenhonigbiene *(Apis dorsata)*	Indien, Südostasien, Borneo, Sri Lanka
Kliff Honigbiene *(Apis laboriosa)*	Himalaya
Zwerghonigbiene *(Apis florea)*	Südost-Asien, Persischer Golf, Sri Lanka
Zwergbuschbiene oder Buschhonigbiene *(Apis andreniformis)*	Südost-Asien, Borneo
Apis nigrocincta	Sulawesi, Mindanao und Sangihe (Philippinen)

(Quelle: wikipedia.org, verändert)

eines Honigbienenstaates nennt man auch „Bien“. Der Staat besteht zu mehr als 90 Prozent aus weiblichen Arbeiterinnen und zu weniger als 10 Prozent aus männlichen Drohnen. Eine Königin duldet keine weitere neben sich – es gibt also nur eine pro Volk, die bis zu sieben Jahre alt werden kann. Die Königin regiert durch die Kraft ihrer speziellen Botenstoffe, auch Pheromone genannt (altgriechisch = überbringen, melden, bewirken). Sie steuern sowohl den Stoffwechsel als auch das Verhalten des gesamten Biens. Honigbienen besitzen das komplexeste, auf Pheromonen basierende Kommunikationssystem der Natur! Die Botenstoffe werden sowohl von der Königin als auch von Arbeiterinnen und Drohnen abgegeben (siehe Kasten Seite 24).

Natürlicherweise, das heißt vor dem züchterischen Eingreifen, lebten etwa

Ausgeklügeltes Kommunikationsverhalten durch Vibration der Waben, Duftstoffe und Bienentanz machen aus vielen Individuen einen „Bien“.

Duftgeflüster

Die chemischen Botenstoffe (Pheromone, Infochemikalien) dringen über die Sinneshaare zu den entsprechenden Rezeptoren im Inneren des Tieres und lösen dort Reaktionen aus.

Alarm-Pheromone Es gibt zwei Arten:
(a) wenn eine Biene einen Feind sticht, gibt sie einen Botenstoff ab, der auch die anderen Bienen alarmiert.
(b) wenn ein Räuberinsekt, z.B. eine Wespe, angreift, wird diese durch das abgegebene Alarm-Pheromon der Bienen verjagt.

Bruterkennungs-Pheromon Larven und Puppen sagen damit: Füttere mich, kümmere dich um mich! Es hält die Ammen-Arbeiterinnen davon ab, den Stock zu verlassen, solange noch Brut zu pflegen ist. Gleichzeitig unterdrückt das Pheromon die Entwicklung der Eierstöcke bei den Arbeiterinnen.

Königinnen-Pheromon Dieser Mix aus verschiedenen Botenstoffen steuert das soziale Verhalten inklusive des Ausschwärmens und der Instandhaltung der Waben. Auch verhindert die Anwesenheit dieses Pheromons sowohl das Ausbilden der Eierstöcke der Arbeiterinnen als auch die Nachzucht einer neuen Königin. Erst wenn das Pheromon stark nachlässt oder fehlt (Königin ist sehr alt, tot oder kommt nicht wieder heim), ziehen die Arbeiterinnen schnellstmöglich eine neue Königin nach. Denn: Ohne Königin kein Bien!

10.000 Bienen in einem Bienenstaat der Europäischen Honigbiene. Heute tummeln sich überall dort, wo die Imkerei des Honigs wegen betrieben wird, 40.000 bis maximal 70.000 Bienen in einem Bienenstock, die Individualzahl hat sich vervielfacht.

In Weiselzellen wachsen Prinzessinnen heran. Eine wird als Königin das Volk übernehmen.

Ein Volk teilt sich

Da ein Volk in einer Höhle nicht unendlich wachsen kann, beschließt es irgendwann, sich zu teilen. Da aber kein Teil des Volkes ohne Königin überleben kann, ziehen sich die Arbeiterinnen vor der Volksteilung eine zweite, neue Königin heran. Wie geht das? Sie legen extragroße, sogenannte Weiselzellen an, die von der Königin mit jeweils einem Ei bestückt werden. Die sich hier entwickelnden Larven erhalten ausschließlich das nahrhafte Gelée Royal, was die Arbeiterinnen in ihrer Kopfdrüse produzieren. Sie schlüpfen nach exakt 16 Tagen als Prinzessinnen – eine kurz nach der anderen. Einige von ihnen verlassen schnurstracks mit jeweils einem kleinen Teil des Volkes die Behausung und suchen sich eine eigene Höhle, um ihr kleines Volk aufzubauen.

Treffen zwei Prinzessinnen nach ihrem Schlupf im Stock aufeinander, halten sie sich mit ihren Mandibeln fest und töten sich unter lautem Geschrei. Prinzessinnen, die von den Arbeiterinnen auf Anhieb nicht „gemocht" werden, werden von diesen im wahrsten Sinne eingeknäult und vor die Tür gesetzt. Nur eine Prinzessin bleibt am Ende übrig. Nach ihrem Jungfernflug übernimmt sie, ihre Samentaschen prall gefüllt mit Spermien, die Brut und Honigvorräte der alten Königin. Das sind etwa 30 Prozent des ursprünglichen Volkes – ein guter Start ins Königinnenleben.

Und wo steckt die alte Königin? Sie hatte bereits kurz vor dem Schlupf der ersten Prinzessin mit mehr als dem halben Hofstaat das Weite gesucht, um sich irgendwo anders niederzulassen. Mit Brut und Waben lässt dieser schwärmende Volksteil auch mögliche Parasiten hinter sich und beginnt die Saison zwar ohne Vorräte, dafür aber mit frischen Waben und wenig Parasiten. Dieses Teilungs- und Schwarmverhalten ist lebenswichtig für die Honigbienen – es dient der ständigen Erneuerung und Fitness des gesamten Bien.

Irgendwo im Schwarm sitzt auf „demokratische" Weise die alte Bienenkönigin, umgeben von Bienen, die ein neues Zuhause suchen.

Die Wesen im Bienenvolk

Der Bien besteht aus drei verschiedenen Wesen: weiblichen Arbeiterinnen, männlichen Drohnen und der Königin. Ihre Aufgaben sind im Bienenvolk ganz klar geteilt.

Königinnen und Drohnen

Der Großteil aller Bienen im Stock sind Arbeiterinnen, also unfruchtbare Weibchen. Einzig die Königin ist in der Lage, Eier zu legen. Damit hängt an ihr der Fortbestand des ganzen Volkes. Die Königin begibt sich nie auf einen eigenen Futterflug, sondern lässt sich von ihren Arbeiterinnen versorgen. Und sie braucht viel Futter, denn sie legt sehr, sehr viele Eier! Bis zu 2.000 Stück täglich werden zur Hauptbrutzeit von April bis Juni einzeln in die Waben gelegt. Eine Herausforderung auch für die Baubienen, dafür zu sorgen, dass ständig neue Waben entstehen, in die neben der Brut auch Pollen und Honig eingelagert werden können.

Die männlichen Drohnen brechen ebenfalls nicht zu eigenen Futterflügen auf, sondern schnorren sich im Stock durch. Sie sind nur in der Vermehrungsphase des Bienenvolks, der Schwarmzeit, Teil des Staates. Von April bis August können in

Größe und Form verraten, wer wer ist. Oben eine Arbeiterin, mittig die Königin, unten ein Drohn mit auffallend großen Augen.

einem starken, gesunden Bienenvolk einige Hundert bis Tausend Drohnen vorhanden sein. Sie leben ihr mehrere Monate währendes Leben in der Dunkelheit des Stockes. Mit einer Ausnahme: Zwischen Mai und Juni fliegen sie kurzzeitig in großen Verbänden umher und mischen sich mit Drohnen anderer Völker, immer auf der Suche nach einer Prinzessin, die begattet werden will. Sie wittern die Pheromone einer unbefruchteten Prinzessin über Kilometer und stellen ihr im Verbund nach – ein großartiges Schauspiel! Die junge Dame lässt sich von bis zu 20 Drohnen begatten, die diesen Fortpflanzungsakt selbst jedoch nicht überleben.

Nach ihrem Hochzeitsflug kehrt die Königin mit so vielen Spermien in ihrer Samentasche zu ihrem Stock zurück, dass sie bis an ihr Lebensende befruchtete Eier legen kann. Daraus entstehen die Arbeiterinnen. Werden im nächsten Frühjahr neue Drohnen benötigt, legt sie einfach unbefruchtete Eier, aus denen dann die Männchen schlüpfen. Diese sogenannte Jungfernzeugung ist in der Natur selten! Drohnen, die keine Paarung hinter sich gebracht haben und unbeschadet zum Stock zurückkehren, werden im Herbst von den Arbeiterinnen als „unnütze Esser ohne Funktion" betrachtet, nicht mehr gefüttert und buchstäblich vor die Tür gesetzt. Dort verhungern sie innerhalb weniger Tage und dienen dabei vielen Wespen und Vögeln als Nahrung. Was bei den Honigbienen eben großgeschrieben wird, ist Effizienz.

Die Berufe der Arbeitsbienen

Ähnlich wie bei uns Menschen die verschiedenen Organe und Zellverbünde ihre spezifischen Funktionen im Körper übernehmen und mittels Hormonen, Nerven- und Blutbahnen miteinander kommunizie-

Die drei Grundfunktionen des Bien

1. Königin begatten (Drohnen)
2. Eier legen (Königin)
3. Alle im Bienenstock notwendigen Arbeiten erledigen (Arbeiterinnen)

Der Lebensweg der Arbeitsbiene

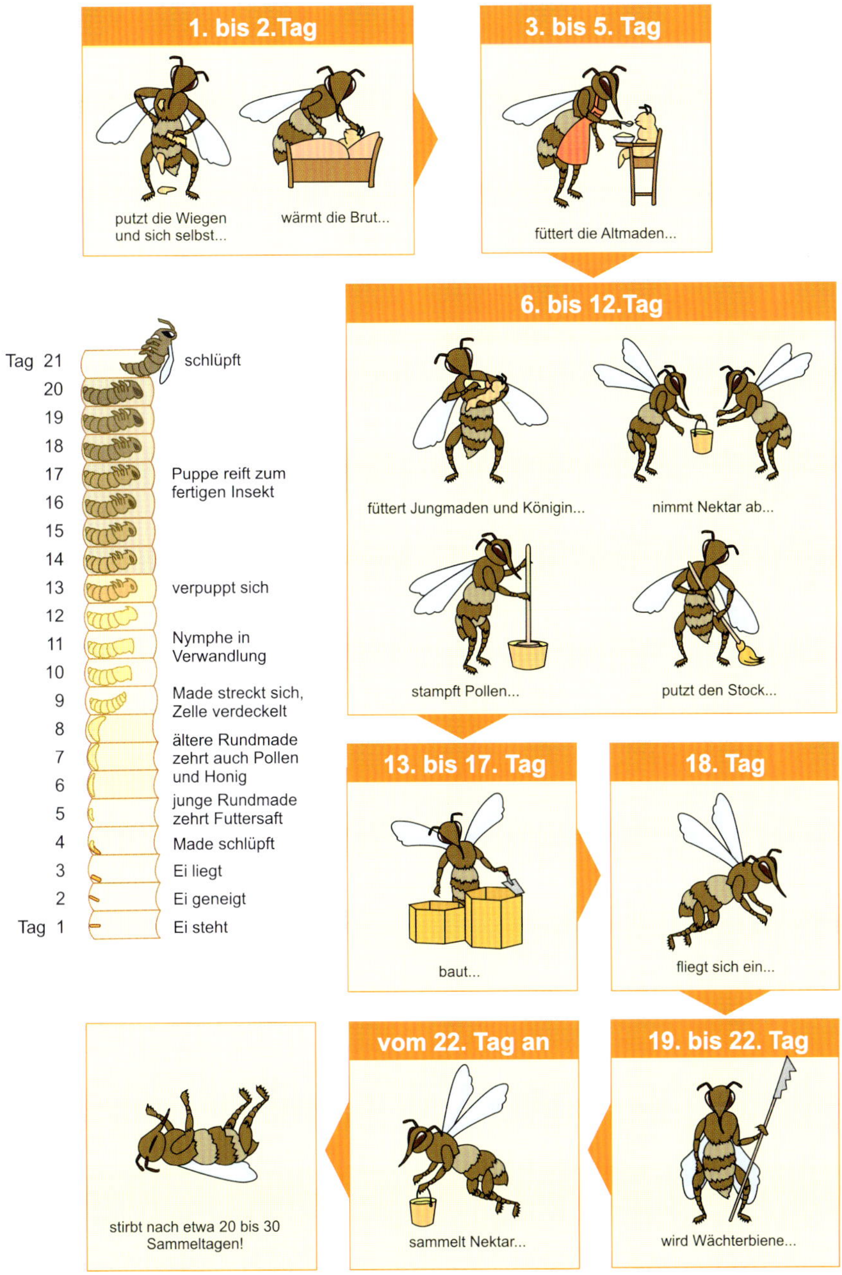

Eine Arbeitsbiene wiegt 120 mg, ein kleiner Peilsender 3 mg. So erforscht man das Navigationsverhalten der Bienen.

Maßarbeit mit viel Fingerspitzengefühl: die Besenderung einer Biene durch Randolf Menzel von der Freien Universität Berlin.

ren, übernehmen bei den Honigbienen die Königin, Drohnen und Arbeiterinnen unterschiedliche Grundfunktionen im Stock. Insbesondere das Heer der Arbeiterinnen ist mit unterschiedlichen Aufgaben beauftragt und straff durchorganisiert – jede Biene weiß genau, was sie wann zu tun hat. Jede von ihnen wechselt in ihrem rund 60-tägigen Leben von einem „Beruf" zum anderen – in festgelegten Schritten.

Die ersten zwei Lebenstage säubert eine Biene als „Putzfrau" Wabe um Wabe von Kokonresten. Großreinemachen sozusagen für die nächste Brut. Danach wirkt sie als Amme und als Wächterin. Nur die Hälfte ihrer Lebenszeit, nämlich die letzten 20–30 Tage, ist sie als Flugbiene unterwegs. Hier gibt es jene, die vorrangig nach Pollen suchen, und andere, die vor allem Nektar sammeln und ihn zu Honig verarbeiten. Sie sind dabei so emsig, dass sie sich im wahrsten Sinne zu Tode arbeiten. Die im Spätsommer geschlüpften Bienen, genannt Winterbienen, leben deutlich länger als ihre Sommerkolleginnen. Sie haben die Aufgabe, ihre Wintertraube aus etwa 5.000–8.000 Individuen und die Königin in ihrer Mitte durch Flügelzittern bei etwa 32 Grad Celsius warm zu halten und mit Honig zu versorgen.

Wussten Sie, dass Honigbienen ihre direkte Umgebung kurzfristig sogar auf bis zu 45 Grad Celsius erhitzen können? Auf diese Weise töten sie beispielsweise Wespen und Hornissen: Mehrere Arbeiterinnen stürzen sich auf den Eindringling, knäulen ihn ein und erhitzen ihn binnen weniger Minuten zu Tode. Trotz dieser Eigenschaft kühlen Bienen im Winter recht schnell aus, wenn der Imker ihr Haus öffnet und kalte Luft hineinströmt. Also die eigene Neugier zügeln und die Winterbienen möglichst in Ruhe lassen.

Kommunikation: Wie unterhalten sich Bienen?

Der von Karl von Frisch erforschte Schwänzeltanz, für dessen Entdeckung er im Jahr

1973 den Nobelpreis erhielt, ist eine hoch faszinierende, kommunikative Leistung der Honigbienen. Wir staunen über die Art und Weise, wie die Bienen „auf den Waben tanzen“. Sie zeigen damit den anderen Sammlerinnen, wo genau es in der näheren oder ferneren Umgebung ihres Bienenstockes eine große Futtertracht (also Blüten einer Pflanzenart) oder eine neue Niststelle für einen Schwarm zu finden gibt.

Wir Menschen weisen uns gegenseitig die Richtung zu Lebensmittelläden anhand markanter Landschaftsmerkmale oder mithilfe von Stadtplänen und Straßenschildern. Die Honigbienen weisen sich den Weg zur Nahrungsquelle, indem sie die Winkel zwischen Bienenstock, Sonne und Futterquelle kommunizieren. Sie verwenden die Sonne und das Polmuster dabei als Kompass. Die Flugstrecke messen sie, indem sie mithilfe ihrer Facettenaugen ihre eigenen Bewegungen registrieren. Honigbienen lernen schnell Farben, Düfte, Landmarken und vieles mehr.

Und worüber reden sie?

Die spannende Frage, die in den letzten Jahren vom Team um Randolf Menzel, Professor emeritus der Neurobiologie an der Freien Universität Berlin, beforscht wurde, ist folgende:
Erhalten und befolgen Honigbienen bei ihrer Navigation zu Futterplätzen die Anweisungen ihrer Kolleginnen (a) für die Flugroute („Fliege einen Kilometer nach Norden, danach 200 Meter im Winkel von 40 Grad nach Westen, nach dem kleinen Wäldchen hast du den Futterplatz erreicht.“) oder (b) für einen bestimmten Zielort, den sie in ihrem „Landschaftsgedächtnis“ gespeichert haben („Fliege zur Saftbar *Coole Biene*“)? Welche Informationen werden also mit den Tänzen auf den Waben kommuniziert? Im letzteren Fall hätte jede Flugbiene eine Art Karte im Kopf, mit deren Hilfe sie immer die kürzesten Strecken zwischen wichtigen Orten finden und auch im Tanz angeben kann.

Bienen sterzeln: Sie legen die Duftdrüse am Hinterleib frei und fächeln die Pheromone mit den Flügeln in die gewünschte Richtung.

Auf eine solche Struktur ihres Navigationsgedächtnisses weisen die Forschungen von Menzel hin. Auf den Erkundungsflügen erlernt die Sammelbiene nämlich die Struktur der Landschaft. Man könnte das auch als kognitive Karte der umgebenden Landschaft beschreiben. In dieses Gedächtnis werden die über den Schwänzeltanz weitergegebenen Informationen eingebettet. Hochkomplex und hochspannend!

Stört man diese Gedächtnisbildung, dann kann sich die Honigbiene nur schlecht oder gar nicht mehr orientieren. Pestizide, die in der Landwirtschaft eingesetzt werden, können solche Störfaktoren sein. Nehmen Bienen kleine Mengen an Insektiziden auf,

Eine Biene verbaut Propolis. Es wird von den Bienen aus harzähnlichen Substanzen von Blütenknospen, Wachs, ätherischen Ölen aus Blüten und Speichelsekreten hergestellt.

Propolis, unentbehrlich für die Bienengesundheit!

Propolis ist eine von den Honigbienen hergestellte, harzartige, gelbliche Masse mit aromatischem Geruch. Der Stoff verfügt über eine antibiotische, antivirale und antimykotische Wirkung und schützt das Bienenvolk vor Krankheiten. In einem Bienenstock bestehen bei 35 °C und hoher Luftfeuchtigkeit ideale Bedingungen für die Ausbreitung von Bakterien, Pilzen und Viren. Um diese abzutöten, werden Oberflächen wie das Innere der Brutzellen mit einem hauchdünnen Propolisfilm ausgekleidet. Auch gegen Zugluft schützen sich die Bienen, indem sie mit der Masse alle Schlitze ihrer Behausung ordentlich verschließen. Wir Menschen nutzen Propolissalben oder Gurgel-Lösungen, um Entzündungen zu heilen.

bleiben die Tiere oft zwar am Leben, allerdings können schon kleinste Mengen ihre Navigation massiv stören. Am Ende finden sie nicht zum Stock zurück und verenden aus diesem Grund, so der Neurobiologe.

Das Erfolgsrezept: flexibel und lernfähig

Es waren immer schon die „unflexiblen“ Tierarten, die Spezialisten, die aufgrund von eintretenden Änderungen in ihrem Lebensraum, sei es durch den Menschen oder durch andere Weise verursacht, ausstarben, weil sie sich nicht schnell genug den neuen Gegebenheiten anpassen konnten. Die Honigbienen gehören nicht zu diesen Spezialisten. Sie nutzen recht viele unterschiedliche Pflanzen als Nektar- und Pollenquellen. Versuche von Randolf Menzel zeigen, dass Honigbienen durchaus schnell auf eine wider Erwarten versiegte Nektarquelle reagieren. Sie bleiben nicht stur bei den von ihren Schwestern angezeigten Koordinaten der Futterquelle, sondern berechnen individuell neu, wohin sie fliegen müssen, um von der versiegten zu einer anderen bekannten, alternativen Futterquelle zu gelangen. Diese neue Information geben sie dann an ihre Schwestern weiter.

Die Bienen nehmen den Schwänzeltanz ihrer Kolleginnen im Dämmerlicht des Stocks vermutlich weniger mithilfe ihrer Facettenaugen wahr. Vielmehr orientieren sie sich an der Schwerkraft und verwenden dazu die durch die Tänze erzeugten spezifischen Schwingungen der Luft. Möglicherweise spielen auch die Vibrationen der Wabenoberfläche und die elektrischen Felder, die von der tanzenden Biene ausgehen, eine wichtige Rolle.

Der Wabenbau: eine ausgefeilte Infrastruktur

Um Zehntausenden von Insekten Schutz, Halt, Wärme und Platz zu gewähren, um sich effektiv auf kleinem Raum zurechtzufinden und als Bien zu organisieren, braucht es schon eine ausgeklügelte Architektur. Viele Baumeister, Putzkolonnen, Futterholer und Bewacher sind nötig, um dieses faszinierende Kunstwerk zu errichten und vor allem über die Jahre sauber und funktionstüchtig zu erhalten! Ohne Fleiß kein Preis – auch bei den Honigbienen ist das so.

In jedem Bienenstock gibt es Waben für Brut, Waben für Pollenvorräte und Waben für Honigvorräte. In der Mitte des Stocks, geschützt von möglichen Zugriffen von außen, sind die Brutwaben angelegt. Auf ihnen sucht die Königin leere Zellen, in die sie ihre Eier einzeln ablegt. Außen um die Brutwaben herum gibt es den sogenannten Pollenkranz. Hier bedienen sich die Ammenbienen, um die Brut zu füttern. Nur die Larven erhalten die nahrhaften Proteine aus dem Pollen.

Bienennahrung: Pollen, Nektar, Honig

Honigbienen sammeln Nektar und Pollen von unterschiedlichen Blütenpflanzen und brauchen selbstverständlich auch Wasser zum Überleben. Wenn verfügbar, verwerten Honigbienen auch Honigtau, die zuckerhaltigen Ausscheidungen von Blattläusen. Für die Aufzucht der Larven, aber auch für die allgemeine tägliche Gesundheit des Volkes, sind Proteine wichtig, und die finden sich im Pollen. Das sind die männlichen Samenzellen der Pflanzen, die darauf warten, von Bienen und anderen Bestäuberinsekten zu einer anderen Blüte transportiert zu werden. Mit süßem Nektar locken und belohnen Blütenpflanzen diejenigen Besucher, die zu ihrer Vermehrung beitragen. Der Lockstoff sitzt unten am Blütengrund, sodass die Bienen sich bei manchen Blütenformen richtig tief in die Blüte hineinbegeben müssen, wollen sie an den Nektar gelangen. Durch diesen Trick gewährleistet die Pflanze, dass bei dieser intensiven Krabbelaktion Pollen im Haarkleid der Honigbiene haften bleibt und zur nächsten Blüte transportiert wird.

Aus Nektar wird Honig

Den Nektar sammeln die Honigbienen während ihres Rundflugs in ihrer Honigblase, die wie ein innerer Filter funktioniert, ganz grob vergleichbar mit unserer Niere. Zurückgekehrt zum Stock, übergeben die Flugbienen den Nektar ihren Schwestern, den sogenannten Stockbienen. Diese flie-

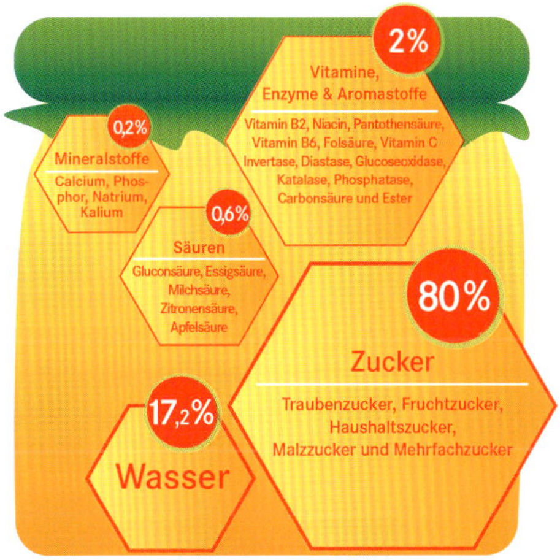

Unser Honig besteht aus etwa 200 verschiedenen Inhaltsstoffen. Sein Hauptbestandteil ist Zucker.

gen nicht aus, sondern kümmern sich um alles, was nötig ist, um die Bienenwohnung sauber und die Brut am Leben zu halten. Die Stockbienen geben den süßen Saft dann in leere Waben und dicken ihn ein. Das ist harte Arbeit: Die Honigbienen saugen den Saft immer und immer wieder mit ihrem Rüssel auf und geben dabei verschiedene Enzyme hinzu. Diese helfen, die Zucker aufzuspalten, gleichzeitig wird dem Nektar Wasser entzogen. Die weitere Verdunstung des Wassers wird durch endloses Fächeln mit den Flügeln bewerkstelligt. Ist endlich ein Wassergehalt von unter 20 Prozent erreicht, ist der Trocknungsvorgang abgeschlossen. Die Bienen transportieren den fertigen Honig jetzt zu Lagerzellen oberhalb des Brutnests und überziehen ihn mit einer luftundurchlässigen Wachsschicht. So bleibt der Honig frisch und gärt nicht. Ja, erst den von der Honigbiene bearbeiteten, eingedickten Saft nennen wir Honig.

Während Marmelade Fruchtzucker und vor allem Saccharose enthält, kann Honig mit vielen gesunden Inhaltsstoffen wie Enzymen und Mineralien aufwarten und ist über Jahre lagerfähig. Bis ins 19. Jahrhundert war Honig in vielen Ländern, so auch in Europa, das einzige Süßungsmittel. Erst als man begann, Zucker aus preiswerten Zuckerrüben herzustellen, ging der Honigverbrauch zurück. Die Deutschen sind allerdings immer noch richtige Honigschleckermäuler und stehen mit einem Verbrauch von 1,2 Kilogramm pro Jahr und Person seit Jahr und Tag an der Weltspitze. Nur 20 Prozent der großen Nachfrage können die deutschen Imker selbst stillen – 80 Prozent des nachgefragten Honigs wird aus dem Ausland eingeführt.

Bunte, artenreiche Wiesen stehen heute leider auch schon auf der Roten Liste der gefährdeten Biotoptypen in Deutschland. Durch Mahd und Düngung aus der Landwirtschaft werden sie stark dezimiert.

Honigbienen in Gefahr

Trotz bester Anpassung und ausgeklügelter Überlebensstrategie ist die Honigbiene in Gefahr. Verschiedenste Faktoren führen dazu, dass die Völker geschwächt werden oder gar sterben. Schauen wir uns an, was die Honigbienen bedroht, um sie dann umso effektiver schützen und unterstützen zu können.

Gefährdung der Honigbienen in Deutschland

Krankheiten

Wenn 50.000 Individuen auf engem Raum zusammenleben und auch noch flugfähig sind, ist die Ansteckungsgefahr im Falle einer Krankheit naturgemäß sehr groß. Dazu kommt, dass Honigbienen ihre Nachbarvölker gern mal besuchen und so infizieren können. Diese stecken dann andere Völker an. Imker müssen also durch eine sorgfältige Bienenhaltung das Krankheitsrisiko ihrer Honigbienen minimieren und können nur so auch Bienen ihrer Nachbarimker vor Krankheiten schützen. Häufigste Krankheiten sind Amerikanische Faulbrut (bakterielle Brutkrankheit mit Meldepflicht!), Nosemose und Ruhr (Darmerkrankungen) sowie Kalkbrut (Pilzerkrankung). Je mehr Völker in einer Imkerei nebeneinanderstehen, umso wachsamer muss der Imker oder die Imkerin sein.

Schädlinge

Die Larven unserer heimischen Wachsmotten ernähren sich von Pollenresten und Kokons geschlüpfter Bienen. Im Raupenstadium fressen sie sich durch Wachs und sogar das Holz der Bienenbeute. Allerdings gibt es größere Feinde unserer Westlichen Honigbiene: die aus Asien eingeschleppte Varroamilbe *(Varroa destructor)*. Sie überträgt bis zu zwölf Virenarten! Der Kleine Beutekäfer *(Aethina tumida)*, ursprünglich aus Afrika stammend, breitet sich ebenfalls weiter aus und hat seit dem Jahr 2004 Europa erreicht.

Überalterung der Hobbyimkerschaft, wenige Bienenvölker pro Imker

Nach dem 2. Weltkrieg war die Honigbienenhaltung hierzulande sehr populär, führte dann lange Jahre aber ein eher verborgenes Dasein. Je mehr günstige Importhonige im Einzelhandel, umso weniger interessant war es für die junge Generation, die Imkerei von Vater oder Opa weiterzuführen. Viele Hobbyimker sind inzwischen jenseits der 70 Jahre alt und kümmern sich erst seit wenigen Jahren vermehrt um Nachwuchs in den eigenen Reihen. Viele Neuimker wollen nicht mehr die früher üblichen 10–15 Völker halten, sondern sind mit vier zufrieden. Deshalb stagniert die Anzahl der Bienenvölker trotz neuerdings steigender Imkerzahlen.

Aufgabe der Berufsimker durch billigen Importhonig

Die hiesigen Berufsimker können gegen die niedrigen Weltmarktpreise, die vor allem von den Chinesen und Osteuropäern dik-

Monokulturen sind anfällig für Schädlinge und werden deshalb besonders viel mit Pestiziden behandelt.

tiert werden, kaum konkurrieren. Es gibt in Deutschland nur noch ca. 550 Berufsimker mit durchschnittlich 750 Völkern. Für jeden, der aufgibt, müssten also 150 Hobbyimker mit fünf Völkern arbeiten, um die Anzahl der Honigbienen auf einem Niveau zu halten.

Zucht und Haltungsform

Von der extrem intensiven, gegen die Bienennatur arbeitenden Nutztierhaltung, wie Berufsimker in den USA sie betreiben, sind wir in Deutschland zwar weit entfernt, jedoch muss angesichts heutiger Umweltprobleme (Hypertrophierung, Pestizideinsatz, eingeschleppte Parasiten, fehlende Blühflächen, Hybridzüchtungen etc.) die Ausrichtung der Bienenzucht und Imkerpraxis auf Effizienz, Schwarmträgheit und Sanftmut deutlicher als bisher reflektiert und kritisch diskutiert werden.

Fehlende Standards und Ehrenkodex

Die große gesellschaftliche Verantwortung der Imker erfordert wegen der hohen Bienenverluste der letzten Jahre verbindliche Qualitätsstandards und eine Art „Ehrenkodex" in der Bienenhaltung. Da die Welt sich immer schneller verändert, können wir die alten Routinen vieler älterer Imker dabei nicht unreflektiert übernehmen. Wissenschaftler müssen intensiv zu Rate gezogen werden. Außerdem müsste es als unehrenhaft gelten (und nicht mit einem verschmitzten Lächeln und vorgehaltener Hand kommentiert werden), wenn Faulbrut nicht dem Amtsveterinär gemeldet oder unzureichend bzw. wenig koordiniert gegen Varroamilben behandelt wird. Auch der Zusammenbruch von Bienenvölkern über den Winter müsste ordentlich analysiert und im ehrlichen Gespräch ausgewertet werden. Es reicht nicht, sich „etwas besser" zu fühlen, wenn beim Vereinskollegen ebenfalls 40 Prozent der Honigbienen nicht überlebten.

Pestizide

Im Jahr 2015 waren in Deutschland 766 Pflanzenschutzmittel zugelassen. Sie enthielten insgesamt 277 unterschiedliche Wirkmittel. Über 49.000 Tonnen davon wurden gehandelt. Moderne Wirkstoffe, wie z. B. Neonicotinoide, wirken bereits bei kleinsten Mengen, irritieren oder schwächen die Insekten und machen sie leichter anfällig für Krankheiten. Wir brauchen dringend eine erweiterte Fachdiskussion, an welchen Kriterien die Wissenschaft festmachen soll, ob Bienen durch ein bestimmtes Gift so stark beeinträchtigt werden, dass dieses nicht eingesetzt werden darf. Momentan wird häufig nur an Einzelbienen geprüft, ob diese einen Gifteinsatz überleben. Wenn wir den Bien als Gesamtheit verstehen, müsste die Gesundheit des Gesamtorganismus auf nachhaltige Schädigungen hin untersucht werden. Ein komplexes Bienenvolk kann nicht auf seine Einzelindividuen reduziert werden. Wir übersehen dann zu viele wichtige Eigenschaften. Die bisherigen Verfahren zur Überprüfung der Gefährlichkeit der Pestizide erinnern gelegentlich an die Schulmedizin, die ebenfalls zu selten den menschlichen Körper ganzheitlich betrachtet. Lebewesen sind eben mehr als die Summe ihrer Teile. Wir brauchen eine öffentliche Debatte darüber, ob und bis zu welcher Grenze wir unsere Tiere, Pflanzen, Böden, Luft und Gewässer und damit am Ende irgendwann uns selbst von der Agrarindustrie vergiften lassen wollen.

CCD – Colony Collapse Disorder

Kranke Honigbienen verlassen den Stock, um ihr Volk nicht anzustecken. Das ist bekannt und eine sinnvolle Verhaltensweise. Als in den 1980er Jahren die asiatischen Varroamilben die Hälfte der Honigbienen in den USA hinwegrafften, fanden Imker viele tote Honigbienen beim Stock. Eine Massenflucht aber, ohne dass Totenfall um den Stock herum zu finden ist, ist ein neues Phänomen. Es wird seit zehn Jahren vor allem in den USA beobachtet: Leere Waben, nur die Königin verharrt mit wenigen Arbeiterinnen im Stock. Im Jahr 2007 starben in den USA so 800.000 Bienenvölker, das waren 50 Prozent aller Honigbienen! Im Jahr 2008 erschreckte uns ein ähnliches Phänomen im Rheintal. Als Ursache wurde eindeutig ein als Nervengift wirksames Pestizid nachgewiesen. Es gehörte zur Gruppe der Neonicotinoide. Nach lauten Protesten wurden zwei Substanzen vorrübergehend aus dem Verkehr gezogen. Die Politik ist sich noch uneins darüber, welche Verbote ausgesprochen werden sollen.

Eingeschleppte Parasiten: ein weltweites Problem

Viele Tiere, die sich in der Natur aufhalten, werden von Parasiten heimgesucht, egal ob Wildtiere oder Nutztiere auf der Weide. Auch die Honigbiene wird befallen. Parasiten sind Tiere, die sich auf ihrem Wirt einmieten, um Nährstoffe aus dessen Körper zu beziehen. Sie schmarotzen also. Aus Eigennutz vermeiden sie jedoch schwere Schädigungen ihres Wirtes, denn stirbt der

Von den pathogen wirkenden Viren bei Honigbienen werden acht durch die Varroamilbe übertragen.

Wirt, stirbt auch der Parasit. Dieses speziell austarierte Verhältnis zwischen Parasit und Wirt pendelt sich über die Jahrtausende ein. Bringt der Mensch jedoch durch seinen weltweiten Handel fremde Parasiten in eingespielte Lebensgemeinschaften ein oder überträgt er sie direkt auf seine Nutztiere, haben diese keine Chance, sich so schnell auf die neuen Schmarotzer einzustellen. Durch den weltweiten Austausch von Gütern und biologischem Zuchtmaterial kommen immer mehr fremde Tier- und Pflanzenarten in Austausch mit der heimischen Fauna und Flora.

Bei der Westlichen Honigbiene können wir die kritischen Auswirkungen der aus Asien eingeschleppten Varroamilbe *(Varroa destructor)* sehr eindrucksvoll erleben. Während die Asiatische Honigbiene mit dem Parasit leben kann, erliegt unsere heimische Biene den Angriffen dieses kleinen Spinnentieres komplett. Keiner hätte das bei der Verfrachtung einiger asiatischer Bienen nach Europa in den 1970er Jahren einkalkuliert.

Wir sollten die negativen Folgen zum Anlass nehmen, um zu überlegen, was wir anderen wildlebenden Arten antun, indem wir ständig neue Tiere und Pflanzen vorsätzlich zu Forschungs- oder Handelszwecken oder fahrlässig kreuz und quer durch die Welt verfrachten. Es gibt sehr viele eindrucksvolle Beispiele, die zeigen, dass es meist noch schlimmer wird, wenn der Mensch die negativen Folgen dadurch zu beheben versucht, dass er wiederum neue Fressfeinde oder Schädlinge einführt, die einer bereits eingeschleppten, sich stark vermehrenden Art (auch „invasive Art" genannt) den Garaus machen soll. Den Teufel mit dem Beelzebub vertreiben zu wollen, ist meist mit noch größeren Schäden verbunden. Darum ist Vorsorge so wichtig.

Varroamilben im Schlaraffenland

Bei der Varroamilbe verhält es sich ähnlich wie bei der Übertragung von Schweinepest, Vogelgrippe oder BSE bei Rindern: Bakterien, Viren oder auch Parasiten führen immer dann zu großen Problemen, wenn sie aus ihrer Sicht ein Schlaraffenland vorfinden – viele Tiere auf engem Raum, also Massentierhaltung. Warum schaffen kleine, widerstandsfähige Bienenvölker aus Asien es, die Varroavermehrung einzugrenzen, aber unsere Europäische Honigbiene nicht? Vielleicht bedeutet unsere Imkerei, die jedes Jahr ca. 250.000 Bienen pro Volk hervorbringt (und damit Wirte für die Milbe), ein einziges Schlaraffenland?
Ausführliche Informationen zur Varroose finden Sie im Buch „Varroose erkennen und erfolgreich bekämpfen" von Friedrich Pohl, ebenfalls im Kosmos-Verlag erschienen.

Hilfe für die Honigbienen

Jeder kann etwas tun

Etwa 99 Prozent aller in Deutschland lebenden Honigbienen befinden sich in menschlicher Obhut. Wollen wir etwas für die Bienen tun, müssen wir uns also die Bienenhaltung selbst ansehen: Unterbringung, Umgang mit dem Bien, Versorgung mit Nahrung und Wasser, aber auch die Gestaltung der Landschaft, die Schulung von Jungimkern und ein ehrlicher Erfahrungsaustausch gehören dazu. Jeder kann etwas tun. Lassen Sie sich von unseren Ideen inspirieren.

Hilfe Nr. 1: Imkerei und Zucht reflektieren

Hierzulande und in vielen Teilen der Erde befindet sich die Honigbiene weitgehend in der Obhut von Imkern. Zumindest in Mitteleuropa sind kaum mehr wildlebende Honigbienenvölker in den Kulturlandschaften unterwegs. Das bedeutet natürlich, dass neben den äußeren Umweltfaktoren (Blühvielfalt, Qualität der Blühtrachten, Klimaeinflüsse, Krankheiten, Parasiten) auch die Art der Honigbienenhaltung und die Bienenzucht genau unter die Lupe genommen werden müssen, will man dem Honigbienensterben erfolgreich Abhilfe schaffen.

Zügige Durchsicht der Brut- und Honigwaben: Übung und Erfahrungsaustausch machen den Meister.

Zucht sanftmütiger Honigbienen: Ist das der Königsweg?

Fast jeder Imker wünscht sich Honigbienen, die beim Herausnehmen der Waben auf diesen sitzen bleiben (Wabenstetigkeit) und den Imker nicht attackieren (Sanftmut). Außerdem wird eine hohe Sammelfreudigkeit geschätzt, um möglichst viel Honig ernten zu können. In Deutschland waren es interessanterweise besonders die Hobbyimker, die in den letzten Jahrzehnten viel Engagement zeigten, um die Bienenbeuten für ihre Zwecke zu verbessern. Sie optimierten Rähmchenformate und Zargengrößen und züchteten Königinnen, die einen Staat von möglichst sanftmütigen Arbeiterinnen hervorbringen. Besonders erfolgreich waren die Berliner Imker. So gilt die Berliner Zuchtlinie der *Carnica*-Rasse laut Dr. Benedikt Polaczek, Imkermeister an der Freien Universität Berlin, als besonders sanftmütig. Die meisten Berliner Imker trifft man bei ihren Bienen deshalb auch mit wenig Schutzkleidung an. Ihre polnischen Kollegen nennen diese Berliner Zuchtlinie deshalb schmunzelnd „Fliege“. Aber auch andere Rassen erfreuen mit ihrer Sanftmütigkeit das Imkerherz.

Es steht die Frage im Raum, inwieweit die erreichte Sanftmütigkeit mit dem Wegzüchten anderer wichtiger Verhaltensweisen wie z.B. dem Putztrieb bezahlt wurde. Gerade vor dem Hintergrund des starken Varroamilbenaufkommens könnte diese Eigenschaft, sich ausgiebig zu putzen, um lästige Blutsauger auszukämmen, vorteilhaft sein. Es ist sehr schwer nachzuprüfen, wo und wie die verschiedenen Zuchtprogramme in die Komplexität des Biens in seiner Gesamtheit eingreifen.

Das angstfreie Hantieren am Volk ist ein Resultat der Zucht wabensteter, sanftmütiger Honigbienen.

Verträgt sich das Zuchtziel „Vitalität“ mit den anderen vier hochgehaltenen Zuchtzielen Sanftmut, Wabenstetigkeit, Sammelfreudigkeit und Schwarmträgheit? Man kann nicht alles haben, so viel wissen wir aus Erfahrung in anderen Bereichen des Lebens. Es scheint an der Zeit, auch bei der Honigbienenzucht die zweite Seite der Medaille zu betrachten.

Gedanken prägen die Sprache, Sprache das Handeln

Ein Anfang könnte gemacht werden, indem wir die Art und Weise reflektieren, in der Berufs- und Hobbyimker gewohnheitsgemäß über die Honigbienenhaltung sprechen. In Imkerbüchern gehören Begriffe wie „nachzuchtwürdiges Material“, „Wirtschaftsvolk“ und „Schröpfen“ zur normalen Ausdrucksweise. Der Schwarmtrieb wird als „unerwünschtes Verhalten“ gebranntmarkt, Königinnen werden „produziert“ und das „Volk abgeerntet“. Das ist die sprachliche Seite, doch ab wann ist das entsprechende Handeln kritikwürdig? Wie viel des natürlichen Schwarmtriebs dürfen wir den Honigbienen nehmen bzw. unterdrücken? Wie viel Wintervorrat an Honig dürfen wir den Honigbienen nehmen und dies durch Zufüttern von Zuckerwasser rechtfertigen?

Wesensgemäße und naturnahe Bienenhaltung

Seit fast 20 Jahren erst nehmen Hobbyimker, die ihre Honigbienen ganz klassisch in Magazinbeuten mit Rähmchen halten, eine andere Art der Bienenhaltung wahr: die „wesensgemäße Bienenhaltung“, die auf Denkweisen von Rudolf Steiner zurückgeht, und die „naturnahe Bienenhaltung“. Es ist hier nicht der Ort und Platz, die unterschiedlichen Haltungssysteme wie Warré-Beute, Bienenkiste, Top-Bar-Hive und andere genauer zu beschreiben. Fest steht, dass immer mehr Neuimker Lust verspüren, durch die Bienenhaltung und die damit verbundene Förderung dieser Bestäuberinsekten „etwas Naturschutz zu betreiben“. Vor allem unter den Stadtimkern gibt es immer mehr Menschen, die sich auf eine Haltungsform besinnen, bei der die Freude am Beobachten und eine geringe Störung des Biens im Vordergrund stehen, und nicht das Gewinnen von Honig. Gerade die Bienenkisten-Imker vernetzen sich zunehmend und suchen den Dialog mit den klassischen Imkern, um ihre Erfahrungen mitzuteilen. Über Jahrzehnte hinweg wurden quasi parallel zur klassischen Honigimkerei naturnahe Haltungssysteme betrieben und erforscht. Diese werden zwar inzwischen auch von angesehenen Wissenschaftlern und einigen Bieneninstituten positiv bewertet, passen jedoch kaum in das Bild eines am Honigerwerb interessierten Imkers. Hier sind wir alle gefragt: Wie viel Honig wollen wir genießen, und ist hier nicht – wie im Ökolandbau – weniger mehr? Hohe Qualität, hoher Preis, weniger Allgemeinkosten? Es ist leider etwas perfide, aber durch unseren gesundheitsbewussten Konsum von wertvollem Honig fördern wir unter jetzigen Bedingungen die Honigbienen selbst jedenfalls nicht. Wie in vielen anderen Bereichen auch braucht es hier ein rigoroses Umdenken der Gesellschaft. Imker und Landwirte sind nur Teil des Ganzen und haben nicht die alleinige Verantwortung für das Bienensterben!

Mancher Imker setzt wieder auf Strohkörbe. Nach seiner Motivation zu fragen, lohnt sich.

Bei der wesensgemäßen und naturnahen Bienenhaltung jedenfalls versucht man, den Honigbienen möglichst große Freiheiten zu lassen, ihren Bedürfnissen entsprechend zu leben. Eingriffe in das Bienenvolk reduziert man auf das notwendige Minimum. Die Honigbienen organisieren ihr Leben selbstständig. Sie treffen alle notwendigen Entscheidungen selbst, bauen ihr Wabenwerk selbst, sammeln Vorräte für den Winter, vermehren sich über den Schwarmtrieb, heilen Krankheiten, verteidigen sich gegen Feinde etc.

Die Bienenkiste ist eine Entwicklung innerhalb dieser Gruppe von Honigbienenhaltern und wurde als preiswerte und wenig zeitaufwendige Art der Bienenhaltung entwickelt. Damit soll es zum Beispiel auch Stadtmenschen möglich werden, erfolgreich Honigbienen zu halten, ohne dass sie in die aufwendigere Magazin-Imkerei einsteigen müssen.

Angesichts der heutzutage immer schwieriger werdenden Bedingungen für die Imkerei (Krankheiten, Parasiten, Pestizide, fehlende Imkerpaten etc.) müsste jedoch ernsthaft und ergebnisoffen darüber diskutiert werden, ob sich die extensive Stadtbienenhaltung vielleicht eher für erfahrene Imker mit einem guten und schnellen Blick für den „Wohlfühlgrad“ ihrer Honigbienen eignet als für Naturfreunde ohne Erfahrung in der Bienenhaltung.

Eine Krankheitskontrolle und Krankheitsbekämpfung ist heutzutage wichtiger denn je. Auch wenn Imker in ihrer naturnahen Haltungsweise selbst bereits eine gute Gesundheitsvorsorge erkennen, ist niemand davor gefeit, dass sich fremde, kranke Honigbienen zum eigenen Volk gesellen und es infizieren. Ein interessierter und offener Erfahrungs- und Meinungsaustausch zwischen den Imkern, die Naturwabenbau bevorzugen (Bienenkiste, Oberträgerbeute, Einraumbeute, Warré-Beute usw.) und jenen, die Magazinbeuten mit Rähmchen ganz konventionell nutzen, ist dringend erforderlich.

Vermutlich können auch die dienstältesten Imker von den Erkenntnissen und Erfahrungen dieser teilweise noch in der Erprobung befindlichen Bienenhaltungsformen profitieren – aber auch umgekehrt. Die Welt dreht sich. Daher: Erfahrungsaustausch und Lernen von anderen ist das Gebot der Stunde.

Die BienenBox

Die BienenBox hängt meist wie ein Blumenkasten am Balkon. Seit dem Jahr 2012 entwickelt Johannes Weber aus Berlin diese neue Behausungsform, wurde anfangs verlacht, inzwischen mit Preisen versehen und ernst genommen. Allerdings mehren sich auch Anzeichen dafür, dass vor allem in den Großstädten die Akzeptanz für das Balkonimkern nicht unangefochten bleibt. Das Schöne an dieser Haltungsform ist, den Honigbienen täglich ohne Aufwand nahe sein zu können. Die Insekten belästigen üblicherweise weder Halter noch Nachbarn.
Die lange Holzbox enthält Rähmchen, auf denen die Honigbienen im Naturwabenbau ihre eigenen Waben bauen. Es gibt ein zusammenhängendes Brutnest. Die Überwinterung sollte auf eigenem Honig ohne Zufütterung stattfinden. Die Varroabehandlung erfolgt mit organischen Säuren.

Diese Bienenkiste ist prall gefüllt mit Honigbienen, die hier Naturwabenbau betreiben dürfen.

Hilfe Nr. 2: Erneuerung der Imkervereine

Es gibt viele Vorurteile gegenüber der Imkerschaft in Deutschland: Der Altersdurchschnitt der weitgehend männlichen Imker liegt bei über 50 Jahren. Frauen in der Vereinsleitung existieren nur wenige.
Die Hauptmotivation, einem Imkerverein beizutreten, liegt in der preiswerten Haftpflichtversicherung für die Imker, die damit verbunden ist. Der Verein wird nicht hauptsächlich als ein Ort für Spaß, Austausch und politische Strategien betrachtet. Man kennt sich, man hält den Verein am Laufen, das reicht. Es gibt den D.I.B. als Dachverband der deutschen Hobbyimker. Seine Lobbyarbeit reicht aus, um die Imkerschaft nach außen zu vertreten. Was ist dran, an dieser Wahrnehmung, die oft von jüngeren Neuimkern geäußert wird?

Vereinsleben mitgestalten, Interessen vertreten

Neuimker systematisch von der Bienenhaltung zu begeistern und einzuladen, ein pralles, interessantes Vereinsleben mitzugestalten, wurde von vielen Imkervereinen jahrzehntelang schlichtweg vergessen. Die Themen rankten sich bislang weitgehend um das eigentliche Handwerk, also Rähmchenmaße, Königinnenzucht, Krankheitsbekämpfung und Honigernte. Viele Imker tüftelten jahrelang, getrieben vom Ehrgeiz, die Bienenhaltung noch effizienter, angenehmer und auch ertragreicher zu machen. Lauschte man den Dialogen, die in Vereinsheimen üblicherweise geführt wurden, konnte man die Nachwuchsimker verstehen, die sich vielerorts einen frischeren Wind wünschten. Dieser frische Wind hält inzwischen Einzug. Denn in den nächsten Jahren muss weniger um die verschiedenen Rähmchenmaße und Beutentypen gerungen werden als vielmehr um grundlegende Tendenzen in der Zucht, die Effizienzsteigerungen der Honigproduktion, Ernährungssituation, Vitalität und Krankheitsbekämpfungsmaßnahmen.

In einem Imker-Internetforum kann man lesen: „Ein Verein ist grundsätzlich weder hinderlich noch förderlich. Ein Verein kann ein Treffpunkt für Gleichgesinnte und/oder kontroverse Diskussionen zu einem Thema sein. Entscheidend ist der Mensch.“ Das erinnert an Mahatma Gandhi, der sagte: „Sei du selbst die Veränderung, die du dir wünschst für diese Welt.“

Dort, wo das Vereinsleben den interessierten Erfahrungsaustausch zwischen Alt und Jung fördert, wo neue wissenschaftliche Erkenntnisse verbreitet werden und die Bienenfreunde ihre Freuden und Leiden mit den Gartenfreunden, umliegenden Landwirten und den kommunalen Verwaltungen teilen, blüht das Hobby zu voller, unbekannter Blüte auf. Dort, wo das Vereinsleben von umtriebigen Vereinsvorsitzenden wie zum Beispiel Dr. Benedikt Polaczek vom Imkerverein Berlin-Zehlendorf lebendig gestaltet wird, ist stetiger Zulauf vorhanden. Inzwischen regt sich in vielen Städten und Bezirken was. Die Aufrufe der Vorsitzenden allerdings, die Vereinsarbeit auf mehrere Schultern zu verteilen, verhallen noch unerhört.

Deshalb: Leute, macht was draus! Duckt euch nicht weg. Gestaltet das Vereinsleben aktiv mit und habt Spaß daran!

Hobbyimker in Deutschland

Anfang 2017 waren 108.200 Hobbyimker beim D.I.B gemeldet. Gleichzeitig wurden knapp 800.000 Honigbienenvölker gezählt. Im Jahr 2016 betreuten die meisten Imker weniger als 10 Völker. 96 % der Imker haben bis zu 25 Völker, 3 % haben 26–50 Völker und nur 1% der Imker haben über 50 Völker.

(Quelle: Deutscher Imkerbund)

Forderungen stellen und Ziele formulieren

Vereinsstrukturen sind besonders geeignet, um nach außen hin als starke Gemeinschaft aufzutreten, die ihre Ansprüche öffentlich vertritt. Eine neue Aufgabe für die zahlreichen Hobbyimker in Deutschland könnte sein, ihren Dachverband, den Deut-

Sich wie Imker Friedrichowitz um den Imkernachwuchs zu kümmern, ist eine oft vernachlässigte Aufgabe.

Biogasanlagen werden gerne mit Mais „gefüttert". Die Europäische Union subventioniert die eintönige Vermaisung unserer Landschaft.

Bunt blühende Streifen entlang der Äcker und Fluren – Fehlanzeige. Stattdessen wird „Blühvielfalt aus Samentütchen" bei Städtern beliebt.

schen Imkerbund e. V., dabei zu unterstützen, die Aufgaben der Industrie und Gesetzgeber laut und deutlich einzufordern:

1. Bei allen Pflanzenschutzmitteln muss untersucht werden, welchen gesundheitlichen Schaden sie beim Bienenvolk als Gesamteinheit bewirken. Es reicht nicht aus, Grenzwerte für Pestizide auf Grundlage dessen festzulegen, ob ein bestimmter Prozentsatz an Einzeltieren innerhalb kurzer Zeit getötet wurde. Wenn ein ganzes Volk „nur" geschwächt (aber nicht umgebracht) wird, muss das auch gemessen und als Eingriff in die Gesundheit des Bienenvolks wahrgenommen werden. Bei geschwächten Honigbienen können Krankheitsverursacher wie Viren oder Bakterien natürlich leichter Fuß fassen und zum Tod des Bienenvolkes führen. Das ist bei Bienen genauso wie beim Menschen.
2. Es muss die Umkehr der Beweislast eingeführt werden, wenn es um Schädigungen der Bienen durch genmanipulierte Pflanzen oder Beizmittel geht. Nicht der Imker muss die Gefährlichkeit nachweisen, sondern der Produzent die Ungefährlichkeit seiner Präparate.
3. Auch Wildbienen, Ameisen, Käfer, Fliegen, Schmetterlinge und Co. sind von den ausgebrachten Pflanzenschutzmitteln betroffen. Es reicht nicht, nur auf die Honigbiene zu fokussieren.
4. Es muss darauf gedrungen werden, dass Forschung zu Pflanzenschutzmittel vermehrt aus Geldern der öffentlichen Hand finanziert wird und nicht vorrangig von den Herstellern eben dieser zu testenden Produkte, wie es derzeit der Fall ist.
5. Es muss eine stärkere Transparenz geben, wenn es um die Festlegung geeigneter Parameter geht, nach denen die Gesundheitsgefährdung durch Pflanzenschutzmittel überprüft wird.

Aufgabe der Imker: mehr als nur Honigbienenhaltung

Es ist schwieriger geworden, die Honigbienen gesund zu halten. Medien und Bevölkerung nehmen regen Anteil am „Mysterium

Bienensterben" und auch die Politik befasst sich mit dem Thema. Auf einmal stehen Imker im Lichtkegel der Aufmerksamkeit. Honigbienen werden zunehmend als Bestäuber und nicht vorrangig als Honiglieferanten wertgeschätzt. Manch Neuimker weist ein Interesse am Honig komplett von sich und entdeckt den Naturschützer in sich. Die Sorge um einen möglicherweise zu hohen Einsatz von Pestiziden in der Landwirtschaft treibt vor allem jüngere Menschen um. Seit 15 Jahren bestimmen Biogasanlagen und Maisäcker das Landschaftsbild. Hier ist der Grundsatz guter fachlicher Praxis bei den Landwirten nur noch eine Farce. Klatschmohn, Kornblume und Co. sind kaum mehr zu finden. Die unterschiedlichen Pestizide beeinflussen sich untereinander. Ihre Wechselwirkungen in der freien Landschaft sind kaum mehr steuerbar und Schäden nicht eindeutig nachzuvollziehen. Das verunsichert Verbraucher, Landwirte, Wissenschaft, Politik und auch manchen Pestizidhersteller.

Die große Bedeutung der Honigbienen für die gesamte Gesellschaft nach außen zu tragen, wird auf einmal zur neuen Aufgabe der Imker. Waren es noch bis zum Jahr 2012 die Naturschutzverbände, die sich mit der industriellen Landwirtschaft auseinandersetzten, gesellen sich die Imker nun hinzu und blasen in das gleiche Horn. Die Auseinandersetzung mit den Landwirten, die neben dem starken Pestizideinsatz in den ständig größer werdenden Monokulturen – auch im Wachstumssegment „Energiepflanzen" – Genmais auf Testfeldern anbauen, macht eine breite öffentliche Diskussion über das Für und Wider nötiger denn je. Imkern ist nicht mehr nur ein nettes Hobby, mit dessen Honigerträgen man seine Familie und die Nachbarschaft erfreut.

Was haben Milchkühe auf der Weide und Honigbienen auf der Streuobstwiese gemein? Sie sind Nutztiere, die von uns wertgeschätzt werden, weil sie gesunde Milch und Honig produzieren.

Hilfe Nr. 3: Honigbienenhaltung will gelernt sein

Im Gegensatz zum Kaninchen- oder Taubenzüchter lastet auf dem Bienenzüchter und -halter heutzutage eine große Verantwortung. Das Vorhandensein oder Nicht-Vorhandensein gesunder bzw. kranker Honigbienen trägt durch deren emsige Interaktion mit ihrem Lebensraum zur Stabilisierung oder Veränderung der Kulturlandschaften bei: Sie suchen Nahrung, bestäuben Blüten und tragen zur Pflanzenvermehrung bei. Gerade unsere heutige Agrarindustrie profitiert in hohem Maße vom Vorhandensein gesunder Honigbienenvölker. Kein anderes Haus- oder Nutztier hat einen solch großen Einfluss auf die Wertschöpfung in unseren ländlichen Räumen.

Da Honigbienen die Angewohnheit haben, manchmal von ihrem Stock zu anderen Bienenvölkern zu wechseln, können kranke Tiere gesunde Völker infizieren. Es liegt also im höchsten Interesse eines jeden Imkers, keinen schluderigen, unwissenden oder unverantwortlichen Imkerkollegen in seiner Nachbarschaft zu haben.

Probieren geht über studieren?

Ein oft zu hörender Satz unter Neuimkern lautet: „Fang erst mal an und lern direkt am Bienenstock. Durch Fehler hab ich auch am meisten gelernt." Fehleinschätzungen von Neuimkern und die damit verbundenen ungeeigneten Maßnahmen am Bienenvolk führen nicht selten zum Tod eines Volkes. Zudem gefährden kranke Honigbienen die gesunden Völker des Nachbarimkers. Es wäre schade, wenn der anhaltende Trend des Stadtimkerns durch zu viel spontane Begeisterung und zu wenig Training weniger der Förderung der Honigbienen diente, sondern dem Gegenteil.

Jungimker profitieren vom Wissen erfahrener Altimker. Lieber zu viel fragen als zu wenig.

Bienen tun der Seele gut: Beruhigend und faszinierend ist es, dem Treiben vor dem Flugloch zuzuschauen.

Ihr Einstieg in die Bienenhaltung

Honigbienen zu halten und dabei ihrer Lebensweise und ihren Bedürfnissen auf die Spur zu kommen, ist ein faszinierendes Hobby. Sie werden merken, wie aufmerksam Sie auf einmal die Blühzeiten der unterschiedlichen Pflanzen in der Natur oder das Wetter wahrnehmen. Sie freuen sich über Blumen, die Sie vorher nie wahrgenommen haben, und schätzen ein Glas Honig noch viel mehr als früher.

Was die Haltungsform betrifft, gibt es zwei Grundprinzipien:

Die konventionelle Imkerei versucht, das Schwarmverhalten der Bienen zu unterdrücken und arbeitet mit sogenannten Magazinbeuten. Hier legen die Imker mit der Anzahl und Größe der Rähmchen innerhalb einer Magazinbeute fest, wie viel Platz die Bienen in ihrer Wohnung haben sollen. In den Rähmchen werden meist Mittelwände aus Wachs befestigt, auf denen schon eingeprägte Wabenmuster zu sehen sind. So bauen die Bienen schnell und ordentlich ihre Wabenstrukturen auf. Der Wohnraum wächst mit dem Bienenvolk, Rähmchen um Rähmchen, Zarge um Zarge. Der Imker ist sozusagen der König über die Königin. Eine typische Aussage konventioneller Imker lautet: „Hast du die Königin im Griff, beherrschst du das Volk." Die Imker sehen sich als „Kümmerer", sie pflegen und füttern ihre Bienen und freuen sich über einen reichen Honigertrag. Man kann diese Imker gut mit Landwirten vergleichen, die ihre Tiere schätzen, weil sie sie nutzen.

Die wesensgemäße Bienenhaltung fußt, bezogen auf die innere Haltung den Bienen gegenüber, auf der Lehre von Rudolf Steiner. Die Imker dieser „Bewegung" favorisieren eine Haltungsform, bei der die Bienen ihrem natürlichen Schwarm- und Bautrieb weitgehend nachkommen dürfen. Das Brutnest legen die Bienen auf großen Naturwaben als geschlossene Einheit an. Die Bienen bauen ihre Brutwaben ganz ohne Mittelwände oder Rähmchen entlang von Trägerleisten, die in das Holz gefräst und mit Anfangsstreifen aus Wachs versehen sind. Das nennt man Naturwabenbau. Der Schwarmtrieb bildet die Grundlage von Völkervermehrung und Zucht. Diese Bienenhalter verzichten auf eine künstliche Königinnenzucht und bilden auch keine künstlichen Ableger. Vor über 30 Jahren trieb unter anderem Imkermeister Thomas Radetzki die wesensgemäße Haltungsform voran. Man verlachte ihn als rückständig. Im Jahr 2011 wurde allerdings eben dieser Imker und Naturschützer als „Apisticus des Jahres" ausgezeichnet und erhielt 2013 den Förderpreis „Ökologische Landwirtschaft". Sein Erfahrungsschatz ist inzwischen stark nachgefragt. Die Zeiten ändern sich eben.

Viele Imker arbeiten jahrzehntelang mit den gleichen Beuten. Der Gesundheit der Honigbienen zuliebe sollte man sie aber ab und an erneuern.

Austausch statt Dogmatismus

Viele Menschen aus der naturnahen Imkerszene, darunter vor allem die „Bienenkisten-" und die „Bienenbox-Imker", suchen seit einigen Jahren verstärkt den Dialog mit etablierten Imkervereinen, um sich über ihre Erfahrungen mit diesem Haltungssystem auszutauschen. Auch suchen Neuimker aus dieser alternativen Szene oftmals Imkerpaten bei den „Etablierten" – meist vergeblich. Grund: Die „naturnahe" Haltungsform wird von den konventionellen Imkern mit einer gewissen Skepsis betrachtet. Diese Skepsis wird vor allem von denjenigen vorgetragen, die keine eigene Erfahrung mit der Bienenkiste oder BienenBox haben. Sie können kaum nachvollziehen, warum sich diese Imker nicht das ausgeklügelte System einer effizienten Bienenhaltung zunutze machen, das in den letzten 100 Jahren immer mehr optimiert wurde. Es beschleicht sie die Sorge, dass die als zeitsparende Haltungsform vor allem für Stadtimker beworbene Bienenhaltung dazu führen kann, dass die Neuimker sich vorschnell entscheiden und erst im Laufe des Bienenjahres merken, dass sie der Verantwortung doch nicht gerecht werden können. Die Folge, so die oftmals geäußerte Sorge konventioneller Imker, könnten vernachlässigte Honigbienen sein, die Krankheiten bekommen und gesunde Völker anstecken. Honigbienen verfliegen sich nämlich ab und an, betteln sich in fremde Völkern ein oder rauben den Honig von schwächeren Völkern und verbreiten so auch Krankheiten. Diese Angst sei unbegründet, so die Vorreiter der Bienenkiste. Klar, jeder Imker hat gerne verantwortungsbewusste Imker-Nachbarn.

Das gilt natürlich auch für die Befürworter der Bienenkiste. Sie wiederum bemängeln, dass gerade Neuimker mit der Magazinbeute zu oft überfordert wären, weil diese Haltungsform komplizierter und mit einem größeren Zeit- und Geldaufwand verbunden sei.

Wir sehen: Im Moment ist die Imkerei im Umbruch und es gibt viele Unsicherheiten. Gerade deshalb ist es notwendig, für jeden, der mit der Bienenhaltung liebäugelt, sich vorab gut zu informieren und wirklich eigene Gedanken zu machen. Dem Andrang an Interessierten scheinen die dienstälteren Imker im Moment jedenfalls nicht ganz gewachsen. Eine unzureichende Ausbildung ist oftmals die Folge. Vermutlich brauchen wir momentan ein Innehalten, eine offene Diskussion, ein Umdenken auf verschiedenen Ebenen und kein „Weiter so mit möglichst vielen Neuimkern".

Qualität statt Quantität ist das Stichwort. Lasst uns uns über „Qualität" möglichst undogmatisch austauschen – zum Wohle der Honigbienen. Das Wohl der Menschen hängt auch davon ab, ob wir willens und in der Lage sind, „von der Honigbiene aus" anstatt nur „von der Imkerei aus" zu denken.

Erste Schritte für Jungimker

Gut überlegen

Werden Sie nicht aus einer Laune heraus Bienenhalter, egal für welche Haltungsform Sie sich entscheiden. Gehen Sie mit einem erfahrenen Imker aus Ihrer Gegend mit den Honigbienen durchs Jahr und machen Sie sich ein Bild. Ganz interessant wäre es, sich die unterschiedlichen Haltungssysteme erklären zu lassen bzw. die Imker bei ihrer Arbeit zu beobachten.

Ein Volk übernehmen

Über verschiedene Schwarmbörsen gelangen Sie recht unkompliziert und preiswert an einen Bienenschwarm, wenn Sie sich sicher sind, mit dem neuen Hobby beginnen zu wollen. Haben Sie noch kein „Auge" für gesunde Honigbienen, ist es ratsam, sich aus Imkervereinen gesunde Völker verkaufen zu lassen. Sie kosten 80 bis 120 Euro und sollten nur mit Gesundheitszeugnis des Amtsveterinärs abgegeben werden! Dieser sollte zuvor das Volk auf Sporen von Faulbrut untersucht haben, denn mit dieser Krankheit ist nicht zu spaßen. Faulbrut ist hochansteckend und wo sie auftritt, müssen ganze Stadtbezirke unter Quarantäne gestellt und die Honigbienenvölker vernichtet werden.

Grundkosten Magazinbeute

Eine Bienenwohnung kostet zwischen 100 Euro (Segeberger Beuten) und 150 Euro (Langstroth). Für weiteres Zubehör (Zargen, Rähmchen, Mittelwände, Imkerschutz, Smoker, Stockmeißel, Bienenbesen, Ameisen- und Oxalsäure zur Varroabehandlung) müssen Sie zusammen zwischen 200 und 300 Euro rechnen.

Grundkosten BienenBox

Eine Bienenwohnung für den Balkon kostet 370 Euro, eine Box mit Standvorrichtung für rückenschonendes Arbeiten 340 Euro. Ein passender Imkerkurs liegt bei 240 Euro und ein Orientierungskurs bei 50 Euro pro Person.

Winter: Unter einer Schneedecke ist die Wärmeisolation besser und der Energieverbrauch geringer als bei Kälte ohne Schnee.

Frühling: Die Märzenbecher liefern den Honigbienen nach einem langen Winter die erste wichtige Nahrung.

Mit den Honigbienen durch das Jahr

Januar Die Bienen befinden sich in ihrer Wintertraube und zehren von ihren Honigvorräten. Als Imker stören Sie diese Winterruhe nicht.

Februar Steigt die Temperatur auf mehr als 10 °C, führen die Honigbienen ihren Reinigungsflug durch: Sie entleeren ihre Kotblase, in der sie seit Oktober Kot gesammelt haben. Als Imker kontrollieren Sie, ob die Königin den Winter überlebt hat. Nur im zeitigen Frühjahr und späten Herbst können Sie Bienenvölker vereinigen.

März Der Imker stört die Honigbienen im kühlen März nicht weiter, sondern kontrolliert nur den Totenfall auf dem Beutenboden. Im Durchschnitt überleben 10–15 Prozent aller Völker den Winter nicht. Ist der März relativ warm, wächst die Brut schon merklich. Zwei Drittel der im Herbst angelegten Futtervorräte verbrauchen die Bienen zur Aufzucht der Brut, daher muss nun auch der Honigvorrat kontrolliert werden.

April Täglich kommen viele Bienen hinzu, das Volk wächst bei warmer Witterung rasant! Als Imker erweitern Sie den Brutraum bei Magazinbeuten um neue Rähmchen und Zargen. Zur Zeit der Obstblüte erweitern Sie den Honigraum. Jetzt kann man auch das erste Mal Drohnenbrut zur Reduktion des Milbenbefalls herausschneiden.

Mai Schwarmzeit, d.h., das Volk teilt sich, weil es zu groß wird. Die meisten Imker unterdrücken das Schwärmen und bilden Kunstschwärme oder Ableger. Die „wesensgemäß“ arbeitenden Imker sammeln in diesem Monat viele Schwärme ein und haben entsprechend viel Arbeit damit.

Juni Die Bienenvölker wachsen weiter. Die erste Honigernte (Frühjahrsblütenhonig)

Sommer und Höhepunkt des Imkerjahres: Honig machen! Wer das einmal miterlebt, schätzt ein Glas Honig noch mehr als vorher.

Herbst: Der Imker hat neben der Varroabehandlung nicht mehr viel zu tun. Die Arbeiterinnen werfen die Drohnen hinaus, das Volk schrumpft.

kann jetzt erfolgen. Manche Imker entscheiden sich, den Honig nur einmal im Spätsommer zu ernten, um einen Mischhonig aus vielen Blühtrachten zu erhalten. Andere Imker schleudern nach jeder Blühtracht, um Sortenhonige zu gewinnen, also z. B. reinen Obstblüten-, Löwenzahn-, Raps- oder auch Akazienhonig.

Juli Die Königin legt nun weniger Eier, das Volk fängt an zu schrumpfen. Die erste Varroamilbenbehandlung steht in den letzten Julitagen an – immer erst nach der Honigernte, damit das Medikament (meist Ameisensäure) nicht in den Honig gelangt. Auch werden sehr dunkle Brutwaben, die mehrfach bebrütet wurden, aussortiert.

August Die Spättrachten der umliegenden Gärten und Felder können wertvolle Nahrungsquellen sein, die das Zufüttern im Herbst mitunter unnötig machen.

September Viele Imker haben im Juni, Juli oder August den Honig geschleudert und füttern ihre Bienen spätestens jetzt mit Zuckersirup. Jetzt erfolgt auch die zweite Varroamilbenbehandlung.

Oktober Die Honigbienen bereiten sich auf den Winter vor und sammeln noch Pollen und Nektar. Als Imker beschäftigen Sie sich neben Reparaturen mit dem Abfüllen und Etikettieren Ihrer Honiggläser.

November Die Honigbienen befinden sich nun in ihrer Wintertraube und werden sich und die Brut in den nächsten Monaten auf etwa 30 °C warm halten. Sie werden von ihren Honigvorräten zehren, die wir ihnen gelassen haben. Bringen Sie ein Mäusegitter vor dem Flugloch an. Das schützt Ihre Bienen vor Mäusen, die sich im Winter gerne eine warme Wohnung suchen. Ansonsten ist für Sie nicht viel zu tun.

Der Wabenbau gehört zu den wichtigsten Bestandteilen des Gesamtorganismus „Bien".

Dezember In diesem Monat sind Sie mit dem Verschenken oder Verkaufen Ihrer Bienenprodukte beschäftigt: Honig, Propolis und Pollen sind gut gefragt – die Erkältungszeit ist da, und immer mehr Menschen wissen Bienenprodukte zu schätzen. Auch Honigwachskerzen sind zur Weihnachtszeit beliebt. Als Imker prüfen Sie v. a. bei Sturm und Schnee, ob die Bienenwohnungen noch in Ordnung sind, ob das Flugloch nicht zugeschneit ist und die Honigbienen generell genug Luft zum Atmen haben.

Hilfe Nr. 4: Neuartige Imkerkurse

Das wichtigste bei der Haltung von Tieren durch den Menschen ist selbstverständlich die Fähigkeit, beurteilen zu können, ob die Tiere gesund sind und sich wohlfühlen. Üblicherweise lernen Bienenfreunde das Imkern, indem sie ihren Imkerpaten bei all seinen unterschiedlichen Tätigkeiten im Bienenjahr begleiten und ihm zur Hand gehen. Auf dem Land war das oft kein Problem, denn der Imker wohnte um die Ecke und war eine „Instanz", d.h. bei allen im Dorf bekannt und als Honigverkäufer sehr geschätzt. War sein Zögling sicher genug, bekam er einen Ableger geschenkt und begann seine eigene kleine Hobby-Imkerei. Das war früher ... Doch immer mehr junge Leute wandern in die Städte ab. Die ländlichen Imkereien sterben schleichend aus.

Die Stadtimkerei erfreut sich hingegen seit einigen Jahren steigender Beliebtheit. Anfängerkurse sind gefragt! Interessierte Menschen suchen neben der Heranführung an das Imkerhandwerk auch die Diskussion und Reflexion. Eine echte Herausforderung für die in die Jahre gekommenen, erfahrenen Imker, die Nachfrage zu bewältigen. So haben einige Vereine gute Erfahrungen damit gemacht, Imkerkurse in neuen Formaten anzubieten. Typische Anfängerkurse beinhalten heute meist nur etwa 20 Stunden, durchgeführt an 5–6 Tagen, manchmal werden sie auch als Wochenendkurs angeboten.

Kurseinheiten und Imkerpate

Typischerweise werden folgende Themen in den Imkerkursen behandelt:

1. Zubehör: Beutetypen, Rähmchen, Smoker
2. Schwärme unterbinden
3. Krankheitsbekämpfung
4. Königinnenzucht
5. Honig gewinnen.

Ist der Anfängerkurs mit Urkunde bestanden, ist man nicht unbedingt schon dafür gewappnet, ein eigenes Bienenvolk zu pflegen. Entschließen Sie sich nach dem Imkerkurs nicht zu schnell, ein eigenes Volk völlig allein zu betreuen. Dringend erforderlich ist der praktische Austausch mit erfahrenen Imkern! Versuchen Sie unbedingt, bei einem Imkerpaten „in die Schule" zu gehen. Aber Achtung: Fast jeder Imkerverein pflegt Vorlieben für Haltungsform, Bienenrasse und Art der Krankheitsbekämpfung. Neulinge werden entsprechend der Vorlieben und Erfahrungsschätze des Vereins, in den sie eintreten, geschult. Leider sind sich die Vereine oft „nicht grün" und erklären die andere „Schule" für untauglich. Das steigert die Unsicherheit bei Einsteigern. Es ist daher ratsam, sich schon vor dem ersten Imkerkurs ein Grundverständnis für den Bien in seiner Gesamtheit anzulesen! Informieren Sie sich über die unterschiedlichen Haltungssysteme und überlegen Sie in Ruhe, welche Haltungsform und Umgangsweise grundsätzlich zu Ihnen passt. Derart gerüstet nehmen Sie nicht ungefragt alle „Wahrheiten" hin, die Ihnen beim Imkerkurs vermittelt werden. Wir halten es in der momentan angespannten Situation des „Bienensterbens" für nicht sinnvoll, unreflektiert allem nachzueifern, was vorgemacht wird.

Die Verjüngung der Stadtimker in den letzten Jahren hat auch einige neue Internetforen hervorgebracht, in denen offen die unterschiedlichen Praktiken diskutiert werden (dürfen). Es haben sich freundliche Gruppen gebildet, bei denen angstfrei nachgefragt werden kann. Vorteil des Internets: Infos können hier nachgelesen und kommentiert werden. Grundsätzlich gibt es inzwischen eine große Bereitschaft, die Bienenhaltung auch zu hinterfragen. Denken Sie mit, fühlen Sie sich in das Bienen-

Lesetipp

Es gibt deutschlandweit diverse regelmäßig erscheinende Zeitschriften rund um die Honigbiene: Deutsches Bienen-Journal (dbj), Biene & Natur und Bienenpflege. Vierteljährlich erscheint Biene-Mensch-Natur von Mellifera e.V. Alle Zeitschriften informieren Sie über aktuelle Themen aus Praxis und Wissenschaft. Viele davon sind Verbandsorgane für Imker in den verschiedenen Bundesländern. Das englischsprachige Journal „Apidologie" ist wissenschaftlich ausgerichtet und liefert neueste Erkenntnisse auch rechts und links der Honigbiene.

Voller Einsatz

Das Gebiet, in dem Honigbienen Pollen und Nektar sammeln, erstreckt sich sage und schreibe auf 50 Quadratkilometer! Das ist so groß wie der Innenstadtbereich von Köln. Für jedes 500-Gramm-Honigglas flogen die Flugbienen eines Volkes insgesamt 40.000 Mal aus und legten eine Flugstrecke von 120.000 Kilometern zurück. (Quelle: Deutscher Imkerbund)

volk hinein und fragen Sie ruhig kritisch nach, wenn Sie bestimmte Techniken nicht nachvollziehen können.

Viele Neuimker wünschen sich eine Betreuung durch einen Imkerpaten übrigens auch noch über das erste Jahr hinaus. In den Vereinen sind zwar Imkerpaten anzutreffen, doch haben viele jüngere Imker, die der „Bienen-Hype" der letzten Jahre hervorbrachte, inzwischen zwar Erfahrungen gesammelt, aber oftmals keine Zeit für eine solche Patenschaft.

Tipps für Einsteiger

Anstatt sich überstürzt zum Imkerkurs anzumelden, möchten wir Ihnen raten, sich dem Thema durch das Lesen entsprechender Literatur vorab zu nähern. In den letzten Jahren erschienen diverse Einsteigerbücher zur Honigbienenhaltung, von denen viele ein Bestseller wurden.

Höchst lesenswerte Bücher bieten wunderbare Einblicke in die Welt der Honigbienen. Sie bringen manchmal mehr Erkenntnisgewinn als ein Imkerkurs. Schneidern Sie sich selbst eine duale Ausbildung, die sowohl viel Praxis im direkten Umgang mit den Honigbienen als auch viel Theorie rund ums imkern beinhaltet.

Wünschenswert wäre auch eine Neukonzeption von Orientierungskursen, die dazu dienen, das ganze Wesen des Biens kennenzulernen, bevor man sich im Imkerkurs dem eigentlichen Handwerk widmet. Hierfür würden sich die naturnahen Haltungsformen sehr gut eignen.

Hilfe Nr. 5: Ausbildungsziel Berufsimker

Kaum bekannt ist der 3-jährige Ausbildungsberuf des Imkers bzw. des Imkermeisters. Die Ausbildung zum Tierwirt bietet einen entsprechenden Schwerpunkt „Imkerei" an. Die in Deutschland ausgebildeten Imker sind auch im Ausland sehr gefragt, so die Beobachtung der Bieneninstitute. Dort leisten sie oft praktische Hilfestellung beim Aufbau neuer Imkereien. Auch die deutschen Bieneninstitute und Hochschul-Forschergruppen freuen sich über gut ausgebildete Neuimker. Da nur 20 von 100 in Deutschland verkaufte Honiggläser von hiesigen Imkern produziert werden, kann unser Land noch viele weitere Berufsimker gebrauchen. Die Verbraucher entscheiden am Ende, ob sie zum preiswerten Honig aus dem Ausland oder zum etwas teureren Honig aus dem Inland greifen. Es liegt maßgeblich an uns Konsumenten, die heimische Berufsimkerei zu erhalten. Geiz ist nicht geil.

Hilfe Nr. 6: Varroabehandlung ohne Chemie

Ältere Imker, die noch die Zeit vor der Varroamilbe erlebt haben, schwärmen oft davon, dass die Imkerei damals viel entspannter und sorgloser war. Seit Einschleppung der Varroamilbe nach Deutschland im Jahr 1977 wird ihr mit Medikamenten zu Leibe gerückt. Die meisten Imker verwenden seit Jahren Ameisensäure und Oxalsäure. Diese organischen Säuren verdampfen im Bienenstock und hüllen den gesamten Bien kurzzeitig in einen Dunstnebel. Die „wesensgemäße Imkerei" beschränkt sich in der Regel auf die 3,5%ige Oxalsäure.

Die organischen Säuren werden gerühmt, einfach weil sie „organisch" sind. Ja, Ameisensäure kommt auch in der Natur vor. Sie ist aber – hochprozentig eingesetzt – so scharf, dass sie Milben abtötet, auch wenn sie sich in der Brutwabe hinter dem Wachsdeckel befinden. Die Frage ist berechtigt, ob das Mittel, das die Milben umbringt, nicht auch die Bienen selbst schwächt. Der bekannte Bienenforscher Dr. Gerhard Liebig warnte schon längst: „Wer mit Säuren erfolgreich gegen Varroamilben vorgehen will, muss mehr tun als nur die Bienen behandeln. Er muss mit Überlegung behandeln." Chemikalien können vermutlich nur im Labor sicher angewendet werden. Es ist in der Imkerei wie in der Landwirtschaft: Nur wer haargenau die Anweisungen zur Verwendung von Giften gegen Schädlinge beachtet und dabei die optimale Luftfeuchtigkeit und Temperatur trifft sowie die Zeitabstände zwischen den Behandlungen optimiert und den jeweils unterschiedlichen Druck des Varroabefalls pro Volk beachtet, hat eine reelle Chance, den Kampf gegen die Parasiten zu gewinnen.

Weil Chemikalien inzwischen bei „alten Hasen" und besonders bei vielen Jungimkern ein ungutes Gefühl auslösen, werden unterschiedlichste Alternativen erforscht, ausprobiert, diskutiert, verworfen und manchmal auch zerredet. Hier ein paar der neuesten Ideen und Maßnahmen, die helfen, Varroamilben zu dezimieren.

Beim Umgang mit den Säuren zur Varroabekämpfung muss der Mensch sich gut schützen. Doch wie geht es den Bienen dabei?

Varroamilben vermehren sich bevorzugt in der Brut. Hier müssen die Medikamente wirken, um die Milben zu dezimieren.

Entdeckt der Imker Varroen auf den Bienen, bedeutet das schon höchste Alarmstufe.

Entnahme der Varroa-verseuchten Brut

Varroamilben vermehren sich in Brutzellen von Honigbienen. Die Milbenweibchen legen ihre Eier in ihnen ab, bevor die Zellen von den Honigbienen verdeckelt werden. Bevorzugt sind Varroamilben in den Drohnenwaben nachzuweisen. Entnimmt man dem Bienenstock im Juli die komplette Brut, können sich die Milben nicht mehr vermehren. Die entnommenen Waben werden von den Bienen schnell durch frische Waben ersetzt. So kann die Königin ihre Eier, aus denen sich im Herbst die Winterbienen entwickeln, in frische Brutzellen ohne Milben legen, und es überwintert ein starkes Volk.

Ralph Büchler, Leiter des Bieneninstituts Kirchhain, der Physiker Dr. Hans-Diethelm Woköck aus Berlin sowie André Wermelinger, Präsident der Schweizer Organisation „FreeTheBees", gehören zu den wenigen Forschern, die ernsthaft diese mechanische Art der Varroosebehandlung ohne jegliche Chemie oder Säuren untersuchen, erfolgreich praktizieren und auch propagieren. Ihre Hauptaussage ist: Schluss mit der Perfektionierung des Falschen. Eine gute Beobachtungsgabe und etwas Geduld bringen sie dabei mit.

Hyperthermie – Erwärmung des Bienenstocks

Unter Hyperthermie versteht man die künstliche Überwärmung des Bienenstocks oder einzelner Waben auf maximal 42 °C. Die Milben sterben bei etwa 40 °C, die Bienen überleben die kurzfristige Erwärmung. Die Idee der Hyperthermie wurde schon vor 30 Jahren an Honigbienen erprobt, allerdings ohne die sensiblen Messgeräte, die heute eingesetzt werden können, um Luftfeuchtigkeit, Temperatur, Sauerstoffgehalt und andere wichtige Zustandsgrößen während der kritischen Temperaturerhöhung regeln zu können.

Zurzeit sind den Autoren folgende Hyperthermie-Apparaturen bekannt:

Varroa Kill Nr. II Gerät passt sich jedem Beutetyp an und erwärmt das ganze Volk oder nur die Brut. 2,15 bis 3,15 Stunden Behandlungsdauer.

Varroa-Controller Brutwaben werden für 2 Stunden in das Gerät eingesetzt.

Bienensauna Gerät wird mit geliefertem Spezialboden unter die Brutzargen geschoben. Behandlungszeit 3 bis 4 Stunden.

VarrTreat Gerät wird statt Deckel auf die Beute gestellt und behandelt Honigbienen und Brut. Behandlungszeit wegen des Algorithmus, der Heizplatten und Ventilatoren steuert, nur 45 Minuten. Prototyp wurde im Sommer 2017 zur Marktreife entwickelt.

Honigbienen verwildern lassen

Immer häufiger bringen Bienenfreunde die Idee hervor, Honigbienen wieder in freier

Wildbahn anzusiedeln. Die Völker sollen damit eine Chance erhalten, gegen die Varroamilbe selbstständig und nachhaltig Strategien zu entwickeln. Durch die fehlende imkerliche Betreuung (kein Zufüttern, keine Schwarmverhinderung, keine Varroabehandlung, kein Einsetzen begatteter Königinnen) soll die Resistenz gegen die Varroamilbe im Rahmen natürlicher Selektion gestärkt werden. Nur die fittesten Völker sollen auf Dauer überleben. Diese könnten dann wieder der Imkerei zugeführt werden. In Ermangelung alter, hohler Bäume beginnen die Bienenfreunde, Nistkästen aufzuhängen oder Zeidlerhöhlen in alte Bäume zu schlagen. Die mancherorts angebotenen „Zeidlerkurse" sind häufig ausgebucht und erfreuen sich vor allem am Interesse jüngerer Imker. Die allermeisten Imker in Deutschland erkennen darin bislang nur einen fatalen Irrtum. Sie sind überzeugt, dass kein Honigbienenvolk in unseren Klimazonen ohne Imker überleben kann, schon gar nicht ohne Varroamilbenbehandlung. Auch wenn es ihre eigenen Honigbienen nicht wären, die verloren gingen, lehnen sie das Experiment vehement ab. Grund: Ihre eigenen Honigbienen könnten sich durch die Varroa-Verseuchten verwilderten Honigbienen anstecken.
Die Schweizer Organisation „FreeTheBees" hält dagegen, dass sowohl wissenschaftlich wie auch in der Praxis der Beweis längst erbracht sei, dass auch unsere Westliche Honigbiene mit der Varroamilbe koexistieren könne. Wir zitieren an dieser Stelle gerne ihren Präsidenten Dr. André Wermelinger und bitten unsere Leser, besonders die Imker unter Ihnen, sich die zugrunde liegenden Untersuchungen einmal anzuschauen und erst danach das eigene kritische Meinungsbild vorzubringen.
„In ganz Europa (auch in Deutschland und in der Schweiz) gibt es wild lebende Honigbienenvölker, die ohne Imker mehrere Winter überleben und sich im Frühjahr durch einen Schwarm teilen. Der Vermehrungszyklus funktioniert weiterhin. Ebenso gibt es in ganz Europa Imker, die ihre Bienenvölker nicht gegen Varroa behandeln und dennoch keine übermäßigen Verluste verzeichnen. Gründe für regional höhere Verluste von Bienenvölkern in der freien Wildbahn sind insbesondere im Futtermangel zu suchen. So eignen sich Landwirtschaftszonen oft bedeutend weniger gut als Naturschutzgebiete, Voralpenregionen und Städte. Insbesondere in Städten ist heute in der Regel die Biodiversität höher als auf dem Land.
Man beachte, dass auch in der intakten Natur gegen 80 % aller abgehenden Bienenschwärme den ersten Winter nicht überleben. Das nennt sich „Natürliche Selektion" und ist

Hantiert der Imker, wie hier Hans Oberländer auf der Berliner Mensa, ohne Imkerhut, verfliegt die Angst vor den Bienen schnell.

eine ungeheuer starke (und gratis erbrachte ...) Leistung der Natur. Einzig über die natürliche Selektion können sich Honigbienen vollständig an ihre Umgebung anpassen. Und das in diversen Regionen erwiesenermaßen auch heute noch, trotz eingeschränkter Biodiversität und trotz Pestiziden. Diskutieren Sie die neuen Möglichkeiten der natürlichen Auslese in Ihren Vereinen und tauschen Sie sich offen mit den Experten auf diesem Gebiet aus".
(Mehr Infos: http://freethebees.ch)

Natürliche oder künstliche Brutpause

Ralph Büchler vom Bieneninstitut in Kirchhain propagiert die Annäherung an eine naturnahe Bienenführung im Sinne einer Brutpause. Grund: Natürlicherweise vermehren sich Honigbienen durch das Schwärmen, wobei zumindest die Hälfte des Volkes mit seiner neuen Königin ein neues Heim bezieht und seine Brut in frische Waben ohne Varroamilben legt. Während das Volk sich eine neue Bleibe sucht und Waben baut, legt die Königin keine Eier. Das bedeutet, dass sich in der Zeit des Wohnungsbaus keine Varromilbe vermehren kann, die es im Haarkleid der geschwärmten Bienen zur neuen Behausung geschafft hat. Da besonders Berufsimker aber das Schwärmen ihrer Bienen verhindern möchten, schlägt Büchler das Einkäfigen der Königin für drei bis vier Wochen auf ihrer Wabe vor, also eine künstliche Brutpause. Die wesensgemäßen Imker (S. 47) halten jedoch die natürliche Brutpause durch das Schwärmen für sinnvoller.

Erwachsene stecken mit ihrer Sorge vor Bienen ihre Kinder oft an, dabei sollten sie angstfrei die Natur um sich entdecken dürfen.

Hilfe Nr. 7: Umweltbildung leicht gemacht

Haben Sie das Gefühl, Ihre Kinder, Nichten, Neffen oder Enkel spielen zu viele wertlose Computerspiele und könnten ruhig einmal an die frische Luft? Die Honigbiene hat mit den vielen Facetten ihres Lebens und Arbeitens so viel zu bieten, dass die wenigsten Kinder und sogar pubertierende Jugendliche sich ihrer Faszination entziehen können. Sie müssen nur herangeführt werden. Grundsätzlich eignen sich Honigbienen etwas besser als Wildbienen dafür, diesen Insekten auf die Spur zu kommen. Alle einheimischen Wildbienenarten sind geschützt und dürfen nicht gefangen werden. Ab Seite 63 halten wir trotzdem einige Vorschläge für Sie bereit.

Für PC-begeisterte Kinder und Jugendliche

... gibt es HOBOS, ein mehrfach preisgekröntes Lehr-, Lern- und Forschungsportal (www.hobos.de). Es richtet sich an Kinder und Jugendliche im Alter von fünf bis siebzehn Jahren. Das HOBOS-Angebot eignet sich neben dem Schulunterricht als sinnvolle und kostenfreie Freizeitbeschäftigung für die Kinder, führt sie spielerisch an die Wissenschaft heran und begeistert auch die Eltern. HOBOS weckt sofort die Neugier (Was machen die Bienen nachts? Gibt es auch faule Bienen?) und motiviert so zur Beschäftigung mit der Lernplattform. Einblicke in die Welt der Bienen gibt es live für Kinder und Eltern über die verschiedenen Videokameras. Kinder können über gezielte Beobachtungen ihre eigenen Erfahrungen sammeln. Eltern können über HOBOS ihr Wissen zur Natur zeitgerecht und anschaulich an ihre Kinder weitergeben. Hier wird Internet sinnvoll mit Naturinhalten verknüpft. Schauen, forschen und lernen.

Für Pädagogen

... gibt es inzwischen viele wertvolle Hilfen für ihren schulischen oder außerschulischen Unterricht. Das Projekt „Bienen machen Schule“ des Vereins Mellifera e.V. (www.bienen-schule.de) versammelt jährlich eine ständig wachsende Anzahl interessierter Umweltpädagogen. Hier werden Unterrichtsmaterialien und Unterrichtsformate reflektiert und verbessert, um den bestmöglichen Standard zu entwickeln. Unter www.bienenkoffer.de gibt es zahlreiche Anregungen, um Kindern nicht nur die Biologie der Honigbienen näherzubringen, sondern auch ihr außerordentliches Sozialverhalten unter die Lupe zu nehmen. Rückschlüsse und Reflexion auf menschliches Sozialverhalten und darauf, was einen Honigbienen- oder Menschenstaat zusammenhält, gehören zum Programm.

Schau mal in den Bienenstock

Besuchen Sie ein schulbiologisches Zentrum mit Imkerei in Ihrer Nähe. Hat Ihr örtliches Ökozentrum eine angeschlossene Imkerei? Buchen Sie im nächsten Frühjahr einen Anfängerkurs für Imker, der auch für Kinder ausgelegt ist. Oder sprechen Sie einfach mal einen Imker an – die meisten gewähren gerne einen Blick in ihre Bienenvölker oder bieten sogar Schau-Schleudern an.

Wer einmal Honigwaben selbst entdeckelt und geschleudert hat, bekommt ein anderes, sinnlicheres Verhältnis zu diesem Lebensmittel.

Eltern und Großeltern

... können viel tun, um bei ihren Kindern von Anfang an keine Angst vor Bienen und

Schauen Sie genau hin!	Honigbiene	Wespe (Vespidae)
Behaarung	pelzig	nackt
Körperbau	plump	schlank
Bewegung	behäbig, langsam	schnell, beweglich
Färbung	beige, braun	schwarz, gelb
Wespentaille	wenig deutlich	sehr deutlich
Hinterbeine	abgeflacht	drehrund
Besondere Körperstrukturen	Sammeleinrichtungen für Blütenstaub (Hinterbeine und Bauch)	ohne Sammeleinrichtungen
Eiweißquelle	ausschließlich Blütenstaub	ausschließlich tierisches Eiweiß (auch Aas)
Kohlenhydratquelle	nur Nektar und Honigtau	zuckerhaltige Säfte jeder Art (faulendes Obst)
Blütenbesuch	Blütenstaub und Nektar	nur Nektar, besuchen Blüten auch zur Jagd

Quelle: Dr. Werner Mühlen, Landwirtschaftskammer Nordrhein-Westfalen

anderen Insekten aufkommen zu lassen. Imkerkurse für Kinder beweisen regelmäßig, dass nicht die Kinder, sondern die begleitenden Erwachsenen den Stachel fürchten. Kinder haben meist ein natürliches Verlangen, Tieren nahezukommen. Sorglos, aber mit etwas Respekt, nähern sie sich dem Bienenstock oder hocken fasziniert vor dem Einflugloch. Ein tieferes Verständnis für die Lebens- und Verhaltensweise von Wild- und Haustieren führt in der Regel zu einem friedlichen Miteinander.

Leben Sie den achtsamen Umgang mit Bienen und anderen Insekten von Beginn an in Ihrem Haushalt vor. Dazu gehört, Bienen (und auch Wespen), die sich ins Haus verirrten, mit einem Glas zu fangen und nach draußen zu bugsieren. Lernen Kinder schon in jungen Jahren, dass alle Insekten oder auch Spinnen mit der Fliegenklatsche mit einem „Igitt!“-Schrei getötet werden, prägt das natürlich die Haltung der Kinder.

Praxistipp: Grillparty ohne Wespen

Um Wespen fernzuhalten, legen Sie bei einem Grillfest einfach wenige Gramm rohes Fleisch oder Mett für die Wespen gut sichtbar in die Nähe des Grills. Hat eine Wespen-Späherin das Angebot aufgetan, können sich ihre Gäste meist entspannt zurücklehnen, denn auch Wespen haben es gerne einfach. Gezielt suchen sie das für sie bereitgelegte Fleisch und fressen davon.

Eindeutig Faltenwespen: ohne Behaarung, schwarz-gelb und mit deutlich erkennbarer Taille.

Honig vom Imker in Ihrer Nähe

1. Manche Imker verkaufen regelmäßig auf Wochenmärkten.
2. Fragen Sie den örtlichen Imkerverein nach Imkern in Ihrer Nähe.
3. Es gibt einige Internetplattformen, auf denen Sie Honig aus Ihrer oder anderen Regionen Deutschlands kaufen können, z.B. www.nearbees.de, www.summt-gart.de oder www.heimathonig.de.
4. Fordern Sie Ihre Lebensmittelläden auf, Honig von deutschen Imkern ins Regal zu stellen, wie www.berliner-honig.de es erfolgreich tut.

Hilfe Nr. 8: Honig vom Imker kaufen

Wussten Sie, dass die meisten Blütenhonige in den Lebensmittelregalen mit dem Vermerk „Herkunft: Mischung von Honig aus EG-Ländern und Nicht-EG-Ländern" gekennzeichnet sind? Fast 80 Prozent des in Deutschland konsumierten Honigs stammt nicht aus Deutschland! Woher dann? Sehr viel Honig stammt aus Osteuropa, Süd- und Mittelamerika und China. Speziell die Chinesen sind dafür bekannt, dass sie ihre Honige „strecken", d.h. mit Zuckersirup verlängern und es dennoch als „Honig" in den Verkehr bringen (siehe Seite 114). Nur Pollenanalysen der Honige können zeigen, an welchen Pflanzen und in welchem Land die Honigbienen sich labten. Denn wenn Bienen den Honig in ihre Waben geben, fallen aus ihrem Haarkleid immer einige Pollenkörner dort mit hinein. Deshalb gehören Pollenanalysen regelmäßig zu den Sicherheitsmaßnahmen, die unsere Lebensmittelkontrolleure durchführen, wenn ausländische Honige eingeführt werden. Diejenigen die etwas zu verbergen haben, filtern aus ihren „Honigen" alle Pollen heraus, sodass die Kontrollen das Ursprungsland nicht nachweisen können. Den Kontrolleuren fällt zwar sofort auf, dass sich zu wenige Pollen im Honig befinden, und sie vermuten Panscherei; nachweisen können sie es aber oft nicht. Sie müssen diese Importe als ordentlichen „Honig" deklarieren.

Wenn Sie „Honig aus Deutschland" kaufen, fördern Sie damit die heimische Imkerei und stellen gleichzeitig sicher, dass durch die Bestäubungsleistung der Honigbienen unsere Obst- und Gemüseplantagen gute Ernten einfahren können. Bio-Honig aus Mexiko – gesund für die Mexikaner und ihre Honigbienen, gut für die Bestäubung der mittelamerikanischen Pflanzen – steht bei uns im Regal für klimaschädliche Transportwege, Konkurrenz für unsere heimischen Imker und weniger Bestäubung bei uns im Land.

Hilfe Nr. 9: Kein Einsatz von Bioziden

Die meisten Pflanzenschädlinge wie Insekten, Würmer, Viren, Pilze und Bakterien haben es in Monokulturen leicht, sich schnell auszubreiten. Die industrielle Landwirtschaft setzt deshalb auf das Ausbringen von Giften. Leider stört die meisten Schädlinge nach kurzer Zeit das spezielle Gift, auch als „Pflanzenschutzmittel" bezeichnet, nicht mehr. Sie werden resistent. Als Folge versuchen die Landwirte, ihnen mithilfe einer neuen Chemikalie den Garaus zu machen. Während dieses Spiel seit Jahrzehnten so gespielt wird, zeigen quasi in einer

Bei der Suche im Regal nach einheimischem Honig hilft das Etikett des Deutschen Imkerbundes.

„Parallelwelt" die ökologisch wirtschaftenden Betriebe, dass durch intelligente Mischkulturen, die Gesunderhaltung des Bodens und den Einsatz robuster, nicht hochgezüchteter Obst- und Gemüsesorten auf synthetische Gifte im Pflanzenanbau verzichtet werden kann. Diese Landwirte leisten einen bedeutenden Beitrag zur Pflege der Kulturlandschaft, weil sie weder Bodenfruchtbarkeit noch Bestäuberinsekten gefährden. Mit Begleitmaßnahmen wie Heckenpflanzungen und Blühstreifen erfüllen diese Betriebe eine zusätzliche, gesellschaftlich wertvolle Aufgabe. Wissenschaft, Politik, Verwaltung und auch die Medien können Rahmenbedingungen schaffen, unter denen ökologisch produzierende Betriebe ein Auskommen haben und in ihrer Arbeit wertgeschätzt werden.

Hilfe Nr. 10: Regionale und saisonale Lebensmittel

Obwohl gerade in Deutschland der Bio-Markt boomt, geben immer noch unsere heimischen Ökobetriebe auf. Der Grund: Sie können gegen die billigeren Importe aus dem Ausland nicht immer konkurrieren und werden ihre Ware bei Lebensmittelhändlern kaum noch los. Die EU-Labels für „Bio" garantieren nicht so hohe Standards wie die von Bioland, Demeter und anderen heimischen Biolabels. Halten Sie also Ausschau nach Lebensmitteln, die saisonal und regional produziert wurden. Gibt es einen Hofladen in Ihrer Nähe? Erleben Sie den persönlichen Kontakt zu „Ihrem" Bio-Bauern! Wer den Bienen langfristig helfen möchte, kommt um ökologischen Landbau nicht herum.

Insektenschutzmittel

Hier haben wir einmal die Anzahl zugelassener Insektenschutzmittel nach Anwendungszweck und Einsatzgebiet aufgeschlüsselt. Ein Mittel kann mehreren Rubriken zugeordnet sein, die Summen addieren sich deshalb nicht auf die Gesamtzahl der Mittel.
(Stand August 2015)

Gewerblicher Bereich
Ackerbau und Grünland: 41 Mittel, Gemüsebau: 35 Mittel, Obstbau: 31 Mittel, Baumschulen und Zierpflanzenbau: 34 Mittel

Haus- und Kleingarten: 41 Mittel.
Mengen an Pflanzenschutzmitteln Zubereitungen, die im Jahr 2011 im Inland abgegeben wurden: Insektizide, Akarizide, Pheromone: 5.007 Tonnen; Pflanzenschutzmittel insgesamt: 123.203 Tonnen; davon Pflanzenschutzmittel, die im ökologischen Landbau einsetzbar sind: 6.651 Tonnen

Wildbienen

Wildbienen – eine bunte Schar

Wildbienen sind nicht wild lebende Honigbienen, wie viele Menschen denken. Es sind Insekten, die in Deutschland mit etwa 560 Arten, in Europa mit rund 1.965 Arten und weltweit mit mehr als 20.000 Arten eine erstaunliche Vielfalt an Bestäubern hervorgebracht haben. Im Gegensatz zur staatenbildenden Honigbiene sind sie – abgesehen von Hummeln – meist als Einzelgänger unterwegs und leben ein ziemlich anderes, aber ebenso faszinierendes Leben.

Hummeln – den Honigbienen am ähnlichsten

In Europa existieren etwa 70 Arten von Hummeln, 49 leben in Deutschland, wovon 36 zu den Hummel- und 10 zu den Schmarotzerhummelarten gehören. Viele Arten sind den meisten Menschen unbekannt, aber: sie gehören zu den beliebtesten Insekten überhaupt. Vermutlich weil sie mit ihrer etwas kugeligen, behaarten Gestalt, ihrer fröhlichen Flugweise und ihrem tiefen Summen irgendwie sympathisch wirken. Es wird Zeit, die Lebensart dieser Insekten näher kennenzulernen.

Auch Disteln sind wertvoll – das finden nicht nur die Erdhummeln, die sich hier tummeln.

Es sind wunderbare Tiere, nur leider seit Jahren im freien Fall begriffen, was ihre Arten- und Individuenzahl betrifft. Um die Hummeln müssen wir uns große Sorgen machen. Dabei gehören sie zu den bedeutendsten Bestäubern überhaupt.

Kleine Staaten, fleißige Königinnen

Hummeln werden in Echte Hummeln und Schmarotzerhummeln eingeteilt. Letztere legen ihre Eier bei den Echten Hummeln ins Nest und lassen so ihre Brut großziehen. Wie bei Honigbienen gibt es bei Echten Hummeln eine Königin und einen Hofstaat aus Drohnen und Weibchen. Allerdings umfassen ihre Völker nur wenige Duzend bis maximal sechshundert Individuen.
Die Jungkönigin übersteht den Winter im Gegensatz zur Königin der Honigbiene alleine, ohne von ihren Arbeiterinnen gewärmt zu werden. Das geht nur dank eines Winterschlafs, der dennoch Energie verbraucht. Deshalb benötigt die junge Königin an ihren ersten Tagen im anbrechenden Frühling dringend Pflanzen, die ihr Nektar (Kohlenhydrate) und Pollen (Eiweißenergie) spenden. Übrigens: Die Königin der Echten Hummel ernährt sich selbst und wird nicht wie die Honigbienenkönigin

Ein Hummelnest im August. Deutlich erkennt man die Eiwiegen.

durch ihren Hofstaat gefüttert. Diesen muss sie im Frühjahr erst einmal aufbauen. Das geht so: Sie sucht sich eine geeignete Stelle, z.B. ein Mauseloch (Erdhummel) oder einen hohlen Stamm (Baumhummel), und beginnt, ihre kleine Nestkugel mit Pflanzenmaterial auszukleiden und gegen Wärmeverlust zu dämmen. Dann formt sie aus Wachs, das sie aus speziellen Zellen ausscheidet, kleine Töpfchen. Einige davon dienen als Sammelbehälter für Nektar, von dem die Königin sich während ihrer Aufzuchtzeit ernährt. Die Mehrzahl an Töpfchen aber ist für die Brut selbst bestimmt und dient als Eiwiege. Hinein kommt jeweils ein Pollen-Nektar-Gemisch, das Pollenbrot. Darauf legt die Königin wenige Eier, dann wird die Wiege verschlossen. Dutzende dieser Eiwiegen werden gebaut und von der Königin gleichmäßig bebrütet. Dafür wechselt sie ständig ihre Position und hält durch Verstoffwechslung ihrer energiereichen Nahrung die Temperatur auf ca. 31 °C. Die Larven werden durch ein Futterfenster mehrmals täglich versorgt. Dafür beißt die Königin kleine Öffnungen in die Brutzellen, saugt dann Nektar aus einem der Vorratsbehälter und gibt ihn in die Brutzellen. Um die Temperatur konstant zu halten, verschließt sie diese danach. Werden die Larven größer und verpuppen sich, benötigen sie mehr Platz. Die Larven werden dann in individuelle Behälter aus Wachs gelegt.

Sobald die ersten Arbeiterinnen voll entwickelt sind, helfen sie der Königin bei der Brutpflege. Die Arbeiterinnen sind dafür schon früh morgens unterwegs und gehören zu den fleißigsten Bestäubern unter den Bienen. Sie können nämlich durch Vibration ihrer Muskeln Wärme erzeugen, sodass Arbeiterinnen mancher Hummelarten sogar schon ab 4 °C in der Lage sind, zu ihren Sammelflügen aufzubrechen.

Blümchen rüttel dich und schüttel dich

Hummeln haben eine eigenartige Weise, Pollen zu sammeln: Sie schütteln die Blüten förmlich durch und erhalten so große La-

An Wegrändern wächst der Rainfarn und lockt mit seinem aromatischen Duft zahlreiche Bienen an.

dungen an Pollenstaub, der sich über ihr Haarkleid bepudert. Das nennt man Vibrationsbestäubung. Sie kämmen den Pollen dann – ähnlich wie die Honigbienen – mit Vorrichtungen an ihren Beinen zu Pollenhöschen zusammen. Sie können so etwa 20 Prozent ihres Körpergewichtes an Pollen zum Nest transportieren. Hummeln sind überwiegend blütenstet, sobald es große Blühtrachten wie Obstbaumblüte oder Kleeblüte gibt. Das ist für Bienen, die ein ganzes Volk ernähren müssen, die effizienteste Möglichkeit, sich zu versorgen.

Selbstständige Vagabunden

Abgesehen von Hummeln fliegen die meisten anderen Wildbienenarten als Einzelgänger durchs Leben. Man nennt sie auch Solitär- oder Einsiedlerbienen. Sie haben keinen Honig zu verteidigen, weshalb ihr Stachel winzig ist und die menschliche Haut nicht durchdringen kann. Der Aktionsradius ist mit meist 70 bis 400 Metern sehr viel geringer als der von Honigbienen. Etwa ein Drittel der Wildbienenarten ist auf ganz wenige Pflanzenarten spezialisiert. Wo diese Pflanzen fehlen, kommen die daran angepassten Bienen nicht vor. Und umgekehrt.

Wer braucht wen?

Glockenblumen / Glockenblumen-Sägehornbiene
Ehrenpreis / Ehrenpreis-Sandbiene
Malve / Malven-Langhornbiene
Gilbweiderich / Schenkelbiene
Natternkopf / Natternkopf-Mauerbiene

Brutpflege ohne Elternkontakt

Das brauchen Wildbienen in unmittelbarer Nähe ihrer Nahrungsquellen: Nistplätze zur Eiablage und der Überwinterung ihrer Brut sowie Material zum Auskleiden der Brutzellen (S. 68). Im Frühjahr ist für viele Arten Paarungszeit, wobei die kleineren Männchen die größeren Weibchen meist am Boden oder auf Pflanzen sitzend begatten. Die Männchen sterben bald, während die Weibchen für die Nachkommen sorgen. Während ihrer vier- bis sechswöchigen Zeit als fliegendes Insekt sorgen die meisten Wildbienenweibchen für 20 bis 40 Nachkommen. Im Gegensatz zu ihren sozialen Verwandten, den Hummeln und Honigbienen, wärmen solitäre Bienen ihre Eier nicht, sondern überlassen die Nachkommen sich selbst. Im Frühjahr suchen die Weibchen dazu eine passende Brutstätte, in der sie mehrere Eier ablegen. Dreiviertel der Wildbienenarten bauen ihre Nistgänge in die Erde, meist 30–60 cm tief. Die restlichen 25 % legen ihre Eier in hohlen Pflanzenstängeln, Mauerritzen oder Fraßspuren von Käfern im Totholz ab oder beißen Nistgänge in markhaltige Stängel von Königskerze, Holunder oder Brombeere.
Typischerweise richten viele Wildbienen für jedes einzelne Ei eine Brutzelle her. Die-

se wird zum Teil mit Pflanzenmaterial ausgekleidet und bekommt Pollenbrot hineingelegt. Dieses besteht aus nahrhaftem Pollen, der mit einem Tropfen Nektar vermengt wird. Auf dieses Pollenbrot wird jeweils ein Ei gelegt, wobei die weiblichen Nachkommen mit einer größeren Portion und einer größeren Zelle versorgt werden als die männlichen. Grund: die stattlicheren Weibchen benötigen für die spätere Ausbildung ihrer Eier mehr Protein. Dann werden die Brutstätten durch ausgeklügelte Nestverschlüsse vor Fressfeinden, Wind und Witterung geschützt.

Männchen trifft Weibchen

Wie finden nun Männchen und Weibchen solch kleiner Lebewesen zueinander, noch dazu mit geringer Nachkommenschaft und einem kleinen Aktionsradius in der offenen Weite der Landschaft? Die Männchen können ja nicht wie Vögel durch lautes Rufen die Weibchen locken. Wie also schaffen sie das? Sie organisieren den Nist- bzw. Schlupfplatz so, dass die Männchen zeitlich vor den Weibchen aus den Brutkammern nach draußen fliegen, wo sie an Ort und Stelle auf das Erscheinen der frisch geschlüpften Weibchen warten. Das Ausharren hat nach wenigen Tagen ein Ende. Die Männchen stürzen sich auf jedes Weibchen, das gerade aus seiner dunklen Höhle ins Sonnenlicht fliegt und daher noch etwas orientierungslos ist. Beliebte Kopulationsplätze sind auch die von der jeweiligen Art bevorzugten Blütenpflanzen, an denen die Weibchen auf ihrem ersten Flug gerne Nektar trinken.

Bei den in Holz und Stängeln nistenden Wildbienenarten funktioniert das so: Die Weibchen legen 10 bis 15 Eier in hintereinanderliegenden Brutkammern ab, die sie durch selbst eingezogene, dünne Zwischenwände voneinander trennen. Die vorderste Brutkammer ist nach außen durch einen Deckel aus kleinsten Steinchen, Lehm oder Pflanzenstückchen verschlossen. Die Jungbiene, die dem Ausgang am nächsten ist, muss demzufolge im folgenden Frühjahr den Deckel aufbeißen und als Erste den Weg ins Freie bahnen. Danach beißt sich das nächstfolgende Tier durch die Brutkammerwand, kriecht durch das nun freie erste

Männliche Mauerbienen warten vor den Nestern, um schlüpfende Weibchen sofort zu begatten.

Bei den meisten Wildbienenarten werden Weibchen nur einmal begattet (Monandrie).

Trockenmauern dienen einer Vielzahl von Mauer- und Mörtelbienen als Brutplatz.

So manche Obstbauern bieten gezielt Nisthilfen für effektiv bestäubende Wildbienen.

Wildbienennester

Bevorzugte Plätze

- in meist sandigen Böden gegraben
- in morschem Holz selbst genagt
- in markhaltigen Pflanzenstängeln selbst genagt
- in leeren Schneckenhäusern
- in Fraßgängen von anderen Insekten
- an Steinen und Felsen selbstgebaut
- aus Harz gefertigt an Pflanzenstängeln oder Baumstämmen

Bevorzugtes Nistmaterial

- Stücke von Laubblättern
- Stücke von Blütenblättern
- Breiartig zerkleinerte Blattstücke (Pflanzenmörtel)
- abgeschabte Pflanzenhaare
- abgenagte kurze Holzfasern
- Baumharz

(Quelle: Dr. Paul Westrich, 2015)

Zimmer und fliegt hinaus in die offene Landschaft und so weiter, bis die letzte Brutkammer leer ist. Das Elterntier legt in die hintersten Kammern in der Regel die befruchteten Eier, aus denen sich die Weibchen entwickeln. In die vorderen Kammern legt sie die unbefruchteten Eier, aus denen die männlichen Bienen dann automatisch einige Tage vor den Weibchen nach draußen fliegen. Faszinierend, oder?

Nistplätze der besonderen Art

Bei 585 in Deutschland beschriebenen Arten verwundert es nicht, dass wir die unterschiedlichsten Nistplätze und „Wohnungseinrichtungen" finden. Wie immer im Netz des Lebens versucht sich jede Art eine bestimmte Nische zu erobern und dort ohne allzu große Konkurrenz ihren Lebenszyklus zu durchlaufen. Wildbienen haben hier erstaunliche Orte und Methoden entwickelt, um ihre Nistplätze zu optimieren. Ein komplexes Gefüge von Vorhandensein an Futter, Lebensraumstrukturen und Nistplatzangeboten ist nötig, damit sich die eine oder andere Art in einer Landschaft zu Hause fühlt oder aber irgendwann einfach nicht mehr da ist.

Lebensräume schützen

Wir brauchen Mosaike unterschiedlichster Lebensraumstrukturen und nicht aufgeräumte Grünanlagen. Schütter bewachsene Böden mit ihrem typischen Pflanzenbewuchs finden die Bienen immer seltener. Nun legen aber fast zwei Drittel aller Wildbienenarten ihre Nester im Erdreich an. Es ist daher wichtig, zwischen dichtem Rasen, Asphaltdecken und mehrmals jährlich umgegrabenen Böden auch Freiflächen zu erhalten, die eine lockere, ungestörte Bodenkrume aufweisen und lose mit Blättern, Pflanzenstängeln, Moos, kleinen Steinchen, Zweigen und dergleichen bedeckt sind. In der Natur sind solche Böden selbstverständlich. Nur so konnten über Jahrmillionen viele Wildbienenarten ihre unterschiedlichsten Nester bauen und sich vor den Augen ihrer Fressfeinde schützen. Heute müssen wir erst mühsam versuchen, naturnahe Flächen wieder herzustellen oder zu erhalten. Einige Tipps dazu finden Sie ab Seite 77.

Außergewöhnliche Lebensformen

Mohn-Mauerbiene – ein Baumeister Eine der außergewöhnlichsten Wildbienen ist die sehr selten vorkommende Mohn-Mauerbiene. Die Weibchen schneiden mit ihren Mundwerkzeugen ein Stück Blütenblatt des Klatschmohns ab, bilden ein Knäuel daraus und transportieren es zum Nistplatz. Ihre Brutzellen legen sie in Sandböden an, indem sie direkt unter der Erdoberfläche einen kleinen Hohlraum graben und diesen mit dem Mohnblatt auskleiden – so wird die Einsturzgefahr gemindert. Nach der Eiablage wird der Eingang mit einem Zipfel Mohnblatt und Sand verschlossen. Im Inneren der Brutzelle wächst, versorgt mit Pollenproviant, ein einziger Nachkomme heran. Die Weibchen sind im Frühjahr schwer beschäftigt, in ihrem nur wenige Wochen dauernden Leben etwa 20 solcher Brutkammern zu bauen. Eine enorme Leistung!

Kuckucksbienen sind Brutparasiten Das gibt es nicht nur bei Vögeln: schmarotzende Tiere, die es sich leicht machen und den Aufwand bei der Aufzucht ihrer Nachkommen anderen überlassen. Auch die Kuckucksbienen machen sich die Brutfürsorge anderer solitär lebender Wildbienen zunutze. Sie legen ihre Eier in die Brutröhren anderer Wildbienen. Das Ei der Wirtsbiene wird ausgesaugt, die Larve getötet, das Pollenbrot verzehrt. Es gibt etwa zwölf dieser eigenwilligen Bienenarten in Deutschland.

Sexualtäuschblumen Die unter dem Namen Ragwurz bekannten, höchst seltenen Orchideen haben Arten hervorgebracht, die Fliegen (Fliegenragwurz), Hummeln (Hummelragwurz) oder Bienen (Bienenragwurz) sehr ähnlich sehen. Sie locken ihre Bestäuber nicht mit Nektar oder Pollen, nein – ihre Blütenform und ihr Duft imitieren weibliche Bienen! Die verliebten Männchen der entsprechenden Bienen möchten das Fräulein begatten (siehe Foto S. 9) und bestäuben stattdessen die Pflanze.

Diese Wespenbiene ist ein Brutparasit und schmuggelt ihr Ei bei verschiedenen Sandbienenarten ein.

Wildbienen bestimmen

Es ist in Deutschland wegen der vielen geschützten Arten verboten, Wildbienen zu fangen – ohne Ausnahmen. Im Frühling können Sie aber an einer Nisthilfe die ein- und ausfliegenden Weibchen beim Nestbau sehr gut beobachten. Mithilfe eines einfachen Bestimmungsschlüssels können Sie feststellen, welche Arten sich dort tummeln. Und auch alleine an den Nestverschlüssen lassen sich manche Wildbienenarten bestimmen.

Anwendung des Schlüssels

Der folgende Bestimmungsschlüssel ist so aufgebaut, dass Sie an jedem Punkt zwei Merkmale zur Auswahl haben. Die Punkte sind nummeriert und am Ende jeder Merkmalsbeschreibung wird auf das Merkmalspaar hingewiesen, dass die Möglichkeit weiter einengt. Zum Beispiel können Sie bei Punkt 1 zwischen dichter Behaarung an den Beinen oder der Abdomenunterseite oder keiner besonderen Behaarung wählen. Entscheiden Sie sich für die Behaarung, geht es bei Punkt 2 weiter, sehen Sie keine solche Behaarung, geht es gleich zu Punkt 7. Wenn Sie bei der Lösung angekommen sind, wird auf keinen weiteren Punkt mehr verwiesen. In der hinteren Spalte finden Sie dann die entsprechende Art bzw. Artengruppe.

Wollbienen *(Anthidium)*

Diese etwas gedrungenen Bienen sind gelbschwarz gezeichnet und am Thorax behaart. Die Weibchen besitzen auf der Unterseite des Hinterleibes eine Pollensammelbürste. Sie tragen Pflanzenhaare als Nistmaterial ein, und so wirken die Nester wie in Watte gebettet. Die Männchen flie-

Eine Nektar trinkende Große Wollbiene: Sie verwendet Pflanzenwolle zum Ausbau ihrer Brutzellen.

Die Blattschneiderbienen tapezieren ihre Nester sorgfältig mit abgeschnittenen Blattstücken.

Schlüssel für häufig an Nisthilfen vorkommende Wildbienenarten		
Nummer	Äußeres Merkmal der Wildbiene	Wenn zutreffend, dann weiter zu Nummer / ggf. Ergebnis
1	dichte Haarbüschel („Sammelbürsten") am 3. Beinpaar oder auf der Unterseite des Hinterleibes	2
	keine besondere Behaarung	7
2	Sammelbürste an den Beinen, 14 bis 15 mm, stark grau- / schwarz-braun behaart	Pelzbiene (selten an Nisthilfen)
	Sammelbürste auf der Unterseite des Hinterleibes	3
3	beobachtet im Frühjahr (ab März / April)	4
	beobachtet im Frühsommer (ab Mai / Juni	5
4	Körperlänge 8 bis 14 mm, stark behaart	Mauerbienen
	Körperlänge 4 bis 14 mm, schwarz, nur schwach behaart, sehr schlanker Körper, stark entwickelter Oberkiefer	Scherenbienen
5	Körperlänge 7 bis 17 mm, stark behaart, meist bräunlich	Blattschneiderbienen
	schwach behaart	6
6	Körperlänge 11 bis 18 mm, deutlich gelb-schwarz gezeichnet	Wollbienen
	Körperlänge 6 bis 8 mm, schwarz	Löcherbienen
7	Körperlänge 4 bis 9 mm, schwarz mit heller Gesichtszeichnung und hellen Flecken an Brust und Beinen	Maskenbienen
	keine solche Zeichnung	Solitäre Wespen

(Quelle: Dr. Claudia Garrido, Landesanstalt für Bienenkunde an der Universität Hohenheim)

Die Löcherbienen nehmen Pollen mit wippendem Hinterleib und direkt mit ihrer Bauchbürste auf.

Maskenbienen haben ihren Namen wegen der bei Männchen deutlichen Gesichtsmaske.

Die Distel-Mauerbiene besiedelt gerne Käferfraß-gänge in totem Holz oder auch Nisthilfen.

Das Männchen der Gemeinen Pelzbiene ist am mittleren Beinpaar und an den Füßen behaart.

Der wissenschaftliche Artname „florisomne" dieser Scherenbiene verrät: Sie schläft in Blüten.

gen auffällig an Nahrungspflanzen umher und vertreiben andere Männchen und auch andere Arten, während sie auf paarungsbereite Weibchen warten. Besucht werden hauptsächlich Schmetterlings-, Lippen- und Rachenblütler. Nisthilfen sollten Nistgänge mit 6–8 mm Durchmesser anbieten. Beobachtung der Tiere an der Nisthilfe ab Juni.

Blattschneiderbienen *(Megachile)*

Die Weibchen schneiden kleine Stücke aus Blättern von Laubbäumen und kleiden ihre Nester damit aus. Die einzelnen Arten dieser Gattung sind mit bloßem Auge schwer voneinander zu unterscheiden. Die meisten Arten sind beim Blütenbesuch wenig wählerisch, nur wenige sind hoch spezialisiert. Die Niströhren sollten für diese relativ großen Bienen einen Durchmesser von 6 bis 8 Millimeter haben. Beobachtungszeit ist im Frühsommer.

Löcherbienen *(Heriades)*

Löcherbienen sind streng auf den Pollen verschiedener Korbblütler spezialisiert. Die kleinen Bienen dieser Gattung verschließen ihr Nest mit Harz, das teilweise mit kleinen Steinchen oder Pflanzenteilen vermischt wird. Sie bevorzugen Nistgänge von 3 bis 4 Millimeter Durchmesser. Beobachtungszeit ist ab Juni.

Maskenbiene *(Hylaeus)*

Die sehr kleinen Bienen dieser Gattung sind kaum behaart. Sie sammeln den Pollen nicht an der Körperaußenseite, sondern verschlucken ihn und würgen ihn im Nest wieder hervor (Kropfsammler). Die Männchen tragen eine helle namensgebende Gesichtszeichnung. Auch bei den Weibchen sind helle Streifen zwischen den Augen zu erkennen. Die Nester werden in engen Röhren mit nur 3 Millimeter Durchmesser angelegt und mit einem cellophanartigen Drüsensekret verschlossen. Diese Bienen lassen sich ab Mai beobachten.

Mauerbienen *(Osmia)*

Diese Gruppe umfasst im deutschsprachigen Raum etwa 52 Arten. Zwei von diesen Mauerbienenarten lassen sich häufig an Nisthilfen beobachten und sind in Bezug auf ihre Blütenwahl wenig anspruchsvoll: Die Gehörnte Mauerbiene hat eine rotschwarz Färbung, das Weibchen trägt zwei „Hörnchen" am Kopfschild. Die Rote Mauerbiene ist bräunlich-rot gefärbt und hat ebenfalls „Hörnchen". Beide Arten verschließen ihre Nester mit Lehm und bevorzugen Nisthilfen mit einem Durchmesser von 6 bis 8 Millimeter.

Pelzbienen *(Anthophora)*

Sehr selten kann man an künstlichen Nisthilfen auch die Frühlings-Pelzbiene bestaunen. Die Tiere wirken etwas wie Hummeln, sind jedoch Haare der Sammelbürste an den Hinterbeinen erkennbar und hat sie eine gedrungene Gestalt, ist es eine Pelzbiene. Sie nutzt viele verschiedene Nahrungspflanzen, bevorzugt jedoch Borretsch- und Primelgewächse sowie Lippenblütler. Die Bienen dieser Gattung nutzen Bohrlöcher von 8 Millimeter Durchmesser. Beobachtungszeit ist von März bis Juni.

Scherenbienen *(Chelostoma)*

Die schwarze, schlanke Hahnenfuß-Scherenbiene *(Chelostoma florisomne)* ist an vielen Nisthilfen zu sehen. Diese Art sammelt ausschließlich an Hahnenfuß. In den Nestverschluss baut sie Steinchen mit ein. Besiedelt werden Niströhren von 3 bis 5 Milli-

Bestimmung anhand der Nestverschlüsse

Von links nach rechts: Maskenbiene, Blattschneiderbiene, Gehörnte Mauerbiene.

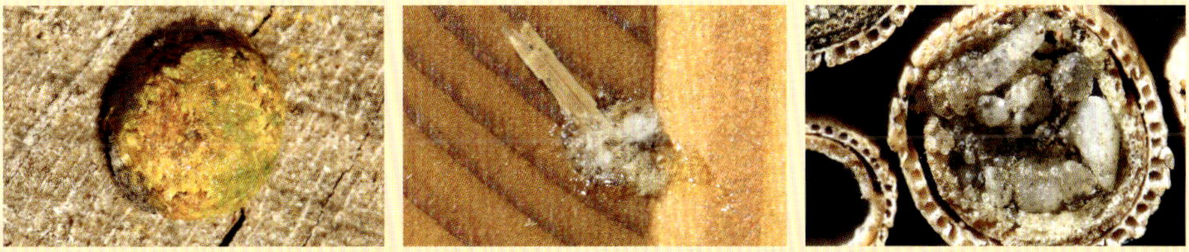

Von links nach rechts: Distel-Mauerbiene, Grabwespe, Hahnenfuß-Scherenbiene.

meter Durchmesser. Es gibt noch weitere, mit bloßem Auge schwer zu unterscheidende Arten dieser Gattung, die hauptsächlich an Glockenblumen Pollen sammeln. Man kann sie von April bis Juni beobachten.

Vom Menschen genutzte Bienenarten

Neben der Honigbiene werden auch einige wenige Wildbienenarten landwirtschaftlich genutzt. Seit Ende der 1980er Jahre werden vor allem die hoch effektiven Dunklen Erdhummeln *(Bombus terrestris)* künstlich massenvermehrt und zur Bestäubung von Tomaten, Paprika, Auberginen, Melonen, Zucchini, Erdbeeren, Brombeeren und Himbeeren eingesetzt.

Einige Mauerbienenarten werden zunehmend als Bestäuber im Obstanbau genutzt. Auch wenn die vielen anderen Wildbienenarten von uns Menschen noch nicht in dieser ganz konkreten Art und Weise genutzt werden, spielen sie für viele Ökosysteme eine wichtige Rolle. Denken wir an die Vielzahl wilder Kräuter, Stauden und Sträucher, deren Samen oder Früchte erst nach der Bestäubung ausgebildet werden. Sie alle ernähren viele Insekten, Vögel und Kleinsäuger in Stadt und Land.

Dr. Mike Hermann liefert Obstbauern die Rote und die Gehörnte Mauerbiene zur Bestäubung.

Hummeln als Bestäuber

Die Dunkle Erdhummel *(Bombus terrestris)* ist eine fleißige Bestäuberin und ersetzt bei Tomaten, Kürbissen, Zucchini und Melonen das früher übliche mechanisch-händische Bestäuben. Bei dem Bestäubungsvorgang beißen sich die Hummeln an der Blüte fest, um so den Pollen herauszuschütteln. Das nennt man Trillern oder Vibrationsbestäubung. Sie hinterlassen dabei eine typische braun gefärbte Bissstelle.

Hummeln sind ganz besondere Bestäuber:

- Hummeln sind durch eigene Wärmeproduktion (Muskelzittern) schon bei Temperaturen ab 2 °C aktiv.
- Hummeln sind bereits bei einer Lichtintensität von nur 4 Lux flugaktiv.
- Hummeln sind bei ausreichendem Angebot von Zuckerwasser standorttreu.
- Hummeln stechen weniger häufig als Honigbienen, wenn sie versehentlich gequetscht werden.

Die Hummeln werden in Spezialkartons mit einem Futtervorrat aus Zuckerwasser an die Gärtner geliefert. Besonders bei der nektarlosen Kultur-Tomate ist dieses Kunstfutter notwendig, da die Hummeln bei Futtermangel das Gewächshaus verlassen würden. Die Aktivität eines Hummelvolkes reicht für etwa sechs Wochen aus.

In Tomaten wird auf 1.000 bis 2.000 Quadratmeter, in Paprika sogar auf 5.000 Quadratmeter und bei Himbeeren im Freiland auf 500 Quadratmeter ein Hummelvolk aufgestellt.

Wildbienen in Gefahr

Grundsätzlich gilt: Mit dem Verschwinden einer Pflanzenart verschwinden etwa zehn Tierarten. Darum ist es so wichtig, auf die Beschaffenheit der Lebensräume und ihrer Ausstattung mit Pflanzen zu achten, wenn man Tierarten schützen und fördern will.

Strukturwandel gefährdet die Wildbienen

Weltweit sind mehr als 50 Prozent aller Wildbienenarten durch Siedlungs- und Straßenbau sowie Intensivierung der Landwirtschaft bedroht. Ähnlich sieht es in Deutschland aus. Während immer mehr Bienen in ihrem Bestand zurückgehen, werden in Europa zunehmend mehr Feldfrüchte angebaut, die aber eine Bestäubung durch Bienen brauchen. Auf etwa 22 Milliarden Euro jährlich wird der Nutzen der Bestäuber für die europäische Landwirtschaft geschätzt.

Mauerbienen-Männchen und -Weibchen (unten) von Hunderten Ektoparasiten befallen.

Ursachen für den Rückgang von Wildbienen auf dem Land

- Monokulturen, die großflächig nur eine Kulturpflanze befördern
- starker Pestizideinsatz
- Umbruch von Grünland zu Acker
- Nicht genutztes Land gibt es kaum mehr – Hohlwege, Ackerbrachen, Sandwege und ähnliche Strukturen etc. fehlen
- Befestigung und Betonierung von grünen Feldwegen, teilweise mit EU-Mitteln
- Schmale Blühstreifen können fehlende Blühflächen nicht ersetzen

Umwandlung in Parkanlagen gefährden diese offenen, trockenen Wildbienenlebensräume.

Ursachen für den Rückgang von Wildbienen in der Stadt

- Flächenversiegelung durch immer mehr Straßen und Gebäude

Die Weibchen der Hosenbienen legen ihre Nester bis 60 Zentimeter tief in sandiger, lockerer Erde an.

In Gärten häufig gepflanzte Ziergewächse, die für Bienen uninteressant sind		
Art	wissenschaftlicher Name	Grund dafür
Goldglöckchen	*Forsythia × intermedia*	nektarlos, kaum Pollen
Zaubernuss	*Hamamelis × intermedia*	nektarlos, kaum Pollen
Bauernhortensie	*Hydrangea macrophylla*	nektarlos, Staubblätter in Hüllblätter umgewandelt, pollenlos
Gefüllter Ranunkelstrauch	*Kerria japonica*	nektarlos
Magnolie	alle *Magnolia*-Arten	nektarlos
Dahlie	gefüllte *Dahlia*-Arten	Staubblätter in Hüllblätter umgewandelt, kaum Nektar, Nektargrund unerreichbar
Geranie	*Pelargonium spec.*	nektarlos, pollenlos
Gefüllte Primel	*Primula*-Arten	Staubblätter in Hüllblätter umgewandelt, kaum Nektar, pollenlos
Gewöhnlicher Flieder	*Syringa vulgare*	Blütenkelche zu tief

Kein Bienenschlaraffenland: monotone landwirtschaftliche Nutzflächen nehmen in Deutschland zu.

Blühstrukturen zwischen landwirtschaftlichen Nutzflächen erfreuen Bienen und Anwohner.

- fehlendes Straßenbegleitgrün
- Stadtbrachen werden zunehmend bebaut
- Bodenverdichtung
- Düngung und Pflanzenverarmung
- Grünflächen ohne heimische Pflanzen
- eintönige Gärten und Balkone mit hochgezüchteten, großblütigen, aber nektarlosen Pflanzen
- fehlende Nistmöglichkeiten durch „ordentlich" winterfest gemachte Gärten und Parkanlagen
- zu häufige Mahd von Grünflächen – damit sinkt Blühangebot
- Pestizide, die leider immer noch in Gärten und auf Balkonen ausgebracht werden
- Klimawandel mit Wetterextremen
- eingewanderte, invasive Arten, die einheimische Arten verdrängen

Hilfe für die Wildbienen

Urbanes Gärtnern – Platz schaffen für neue Ideen

Schrebergärten gehören seit Jahrzehnten zum Stadtbild. Es ist weder hip noch verrückt, sondern ganz normal, ein bisschen Selbstversorger zu sein. Wenn seit 10 Jahren die Begriffe „urban farming" und „urbanes Gärtnern" in Mode sind, ist der altbekannte Schrebergarten damit nicht gemeint. Vielmehr drücken diese neuen Begriffe tatsächlich andere Konzepte aus. Und die Wildbienen profitieren davon.

Öffentlichen Raum mitgestalten

Der Wunsch vieler Menschen nach Mitgestaltung ihres Umfeldes wächst. Gärtnern wird politisch. Das bedeutet, es werden vor allem im öffentlichen Raum der Großstädte neue Konzepte erprobt: für den Umgang mit bebautem Raum, mit unseren Ressourcen, mit unserer Lebenszeit. Die Art, wie und mit wem und in welchem Umfeld wir miteinander leben wollen, wird reflektiert, diskutiert und neu organisiert. Es entstehen Ideen wie die mobilen Gärten. Hier wird Gemüse in Kartoffelsäcken und Plastikkisten gezogen. Man ist bereit, eine Zwischennutzung aufzugeben und woanders seinen Garten aufzubauen. Parkdecks werden bepflanzt und Saatbomben auf langweiliges Grün geworfen. Die Stadt Andernach macht als „essbare Stadt" Furore und lässt ihre Bewohner am Gemüsebeet teil-

Urban Gardening auf dem ehemaligen Flughafen Tempelhofer Feld in Berlin.

haben, das entlang des Stadtwalls gepflanzt wurde. Bürgergärten und internationale Gärten lassen Kinder und Senioren, Migranten und Deutsche gemeinschaftlich säen und ernten. Es soll Vielfalt sprießen und Gemeinschaft blühen. Das Wort „guerilla gardening" verrät etwas von der inneren Haltung: Ich möchte die Straßenzüge mitgestalten dürfen, durch die ich täglich laufe. Eine enorme Herausforderung, aber auch Chance für kommunale Verwaltungen, diese Motivation positiv aufzugreifen!

Robert Shaw und Marco Clausen inspirieren mit ihrem „Prinzessinnengarten" Berlin zahlreiche Urban-Gardening-Projekte.

Bürger helfen den Behörden

Aus Sorge, ihren Finanzhaushalt noch weiter zu strapazieren, zögern viele kommunale Verwaltungen, statt der gewohnten Stiefmütterchen und Begonien bienenfreundliche Staudensortimente sprießen zu lassen. Dabei könnten Straßenränder, Baumscheiben, Parkanlagen und sogar Friedhöfe naturnah gestaltet und erhalten werden, ohne dass sich das negativ auf das Stadtsäckl auswirkt. Im Gegenteil! Die im Verein Naturgarten e.V. versammelten Gartenfachleute belegen glaubhaft, dass es sich aus finanziellen, ästhetischen, pflegetechnischen und naturschutzfachlichen Gründen lohnt, auf heimische Stauden und Sträucher zu setzen.

Was viele Verwaltungen dennoch zaudern lässt, kommunales Grün etwas wilder, naturnäher zu gestalten, ist unter anderem die Sorge vor unzufriedenen Bürgern. Zu lange war es Mode, den öffentlichen Raum „ordentlich gepflegt" zu halten. Eine Grünfläche musste gewässert, gedüngt und vor allem gemäht werden. Die Sorge scheint nicht ganz unberechtigt.

Ein Beispiel: Der ehemalige Baustadtrat des Bezirks Berlin-Lichtenberg, Andreas

Die Förderung der biologischen Vielfalt hat die Politik an ihrer Seite

Im Jahr 1992 unterzeichneten 192 Staaten die „Internationale Strategie zur biologischen Vielfalt". Seit 2007 gibt es die "Deutsche Strategie zur biologischen Vielfalt". In manchen Bundesländern und sogar Städten hat die Politik gemeinsam mit Wissenschaftlern und Naturschutzverbänden und anderen Gruppierungen auf dieser Basis einige lokale Strategien erarbeitet. Im Mai 2017 stellte die Bundesregierung ihr Weißbuch „Stadtgrün" vor. Es schafft Rahmenbedingungen, stellt Fördermittel bereit und fördert den fachlichen Austausch. Die nötigen Maßnahmen für lebenswerte Städte müssen auf alle gesellschaftlichen Gruppen verteilt werden – jeder an seinem Platz ist aufgefordert, sich zu beteiligen! Machen auch Sie mit und geben Sie Wildpflanzen und -tieren ein Zuhause.
Ausführliche Informationen unter www.biologischevielfalt.de

Deutsche kaufen für 281 Mio. Euro pro Jahr pollenlose Geranien (14 % der Beet- und Balkonpflanzen).

Geisel, erhielt noch im Jahr 2010 bergeweise Post von erzürnten Bürgern. Sie empfanden ihren Bezirk als vernachlässigt und ungepflegt.

Was war geschehen? Geisel hatte angeordnet, Blühstauden im Herbst und Winter stehen zu lassen. Insekten, Igel und Co. sollten eine Rückzugsmöglichkeit haben. Der Bezirk wollte seinen Teil dazu beitragen, die politische Forderung nach mehr biologischer Vielfalt umzusetzen. Als Schlussfolgerung nach dem Bürgerunmut wurde das „ordentliche Grün" wieder hergestellt, kein Stress riskiert. Heute, im Jahr 2017, gehen Bürger und Verwaltungen aufeinander zu, machen gemeinsame Sache für die Bienen. Naja, manchmal. Immer öfter. Ein offener, interessierter Austausch ist dabei unerlässlich.

Gartenfachbetriebe statt Billiganbieter

Baumärkte und Lebensmittelketten bieten gern mit knallbunter Schnäppchenwerbung ihre preiswerte Auswahl an Ziergewächsen an. Macht es Sie nicht ärgerlich, wenn Sie sehen, dass diese Anbieter ihre Blümchen einfach öffentlich vertrocknen lassen und sie dann auch noch billig verramschen? Deshalb: Suchen Sie zur nächsten Pflanzsaison einen Gartenfachbetrieb auf und fragen Sie nach heimischem, nektarreichem Pflanzgut. Wer, wenn nicht Sie als Kunde, könnte die zarten Versuche einiger Gärtnereien unterstützen, ihr bisheriges Sortiment der exotischen Ziergewächsen um heimische, bienenfreundliche Sorten zu erweitern?

Erfolg ist, wenn Lebendiges gedeiht

Zierpflanzenbetriebe freuen sich zu Recht über Erfolge, die Blüten ihrer Ziergewächse immer üppiger und farbenfroher züchten zu können. Großblütige Dahlien sind eine reine Augenweide! Aus Sicht der Bienen allerdings könnte man ebenso gut auch Plastikblumen in die Erde stecken. Denn an den Blütengrund und somit den Nektar gelangen die Insekten bei gefüllten Blüten nicht. Die Extra-Blütenblätter werden von den Zuchtbetrieben übrigens aus den Staubblättern entwickelt. Das bedeutet: Viele gefüllte Blüten haben dadurch keinen Pollen mehr und sind als Nahrungsspender für Bienen und Co. uninteressant.

Andere Züchtungen wie Hybriden der Forsythie oder Geranie sind zwar nicht gefüllt, produzieren aber ebenfalls weder Nektar noch Pollen. Der Grund: Menschen und nicht Bienen vermehren sie. Diese Pflanzen sind nicht mehr auf Bestäubung angewiesen.

Naturnahe Gärten funktionieren anders, nämlich nach Naturgesetzen und in Kreisläufen. Sie werden als Lebensräume verstanden und nicht als hübsche Kulisse an-

An diesen nicht gefüllten Blüten können Insekten gut Pollen und Nektar aufnehmen.

Bei gefüllten Blüten werden Staubgefäße züchterisch zu Hüllblättern umgewandelt – Pollen fehlen.

gelegt. Hier sollen sich Mensch, Pflanze und Tier wohlfühlen. Naturgärten bieten Nahrung und Schutz, Erholung und Erlebnis. Wenn Sie sich Natur in Ihren Garten holen wollen, ist das unkomplizierter, als Sie denken.

Vorreiter des ökologischen Gartenbaus

Bisher beschränkt sich das Angebot im Handel allerdings immer noch weitgehend auf die Pioniere des ökologischen Gärtnerns, die als Saatgutfirmen, Staudengärtnereien oder Baumschulen im Dienste einer natürlichen Lebensvielfalt schon lange unterwegs sind. Manche von ihnen sind auf alte, fast ausgestorbene Obst- und Gemüsesorten spezialisiert. Diese Gartenbetriebe haben kenntnisreich und mit unendlich viel Eigenmotivation, Geduld und wenig Unterstützung von außen dafür gesorgt, dass es heute eben nicht nur weltweit gleichgemachtes Ziergewächs und Saatgut gibt.

Sie verstehen sich als wichtiger Gegenpol zu den weltweit agierenden Konzernen, die aus der reichen und an regionale Klima- und Bodenverhältnisse angepassten Sorten- und Artenvielfalt einen Einheitsbrei für den weltweiten Markt geschaffen haben. Es begann bei landwirtschaftlichen Produkten wie Reis, Mais, Kartoffeln, Soja, Paprika oder Tomaten. Der weltweite Markt handelt nur noch wenige Sorten einer jeden Art. Diese wachsen dafür überall auf dem Globus – jedoch nur, wenn reichlich Dünger und Pestizide der gleichen Konzerne die Hochleistungspflanzen aufpäppeln. Ein gutes Geschäft. Auch der Blumenmarkt funktioniert so. Tagetes, Geranien oder Stiefmütterchen finden sich in neuseeländischen Vorgärten genauso wie in amerikanischen oder europäischen.

Den wenigsten Verbrauchern ist das Angebot der bienenfreundlichen Gartenfachbetriebe überhaupt bekannt. Große Werbebudgets haben sie nicht und können preislich kaum gegen die Baumärkte konkurrieren. Aber die Welt dreht sich, und gerade in Deutschland steigt die Anzahl derer, die ihre Sehnsucht für mehr Natürlichkeit und Vielfalt entdecken. Auch kleinblütige Kräuter und Stauden haben ihren Reiz.

Aus Gärten entstehen Lebensräume

Eigentum verpflichtet, so heißt es. Aber wozu verpflichtet es? Warum darf jeder, der ein Stück Land kauft, diesen Boden einfach mit Asphalt bedecken, mit Gift besprühen und Leben darauf vernichten? Wäre es nicht viel besser, wenn es eine Selbstverpflichtung dafür gäbe, auf seinem Grund und Boden Lebensvielfalt zu fördern, anstatt sie mit viel Mühe zu beseitigen? Tun Sie was und setzen Sie Zeichen!

Kleine Zeichen für mehr Natur am Haus

Nicht jeder kann oder will seinen gesamten Garten plötzlich in einen echten Natur- oder Bienengarten umwandeln. Das ist auch gar nicht notwendig. Bestimmt finden Sie aber die eine oder andere Stelle, um kleine Zeichen für die Natur zu setzen. Kleinvieh macht bekanntlich auch Mist, und so kann durch eine Reihe von Einzelmaßnahmen am Ende ein großes Ganzes entstehen: ein wunderschöner, strukturreicher Lebensraum mit Blühflächen und Raum zum Erholen! Und ganz nebenbei schaffen Sie Nahrung und Lebensraum nicht nur für Wildbienen, sondern auch viele andere Tierarten.

Keine Angst vor Nachbars Blicken

Der Nachbar zu Ihrer Linken hat einen Vorgarten aus Kies und gezwirbelten Buchsbäumen? Der Nachbar zur Rechten liebt im Herbst den dröhnenden Laubbläser? Lassen Sie sich davon nicht irritieren!

Ein kunstvoll gestalteter Vorgarten mit Kies ist für Bienen und Co. höchst uninteressant: Es fehlen Nahrungspflanzen und Nistplätze.

Ein naturnaher Garten bringt Nektar, Pollen, Samen und Früchte hervor – und echte Freude am Leben für Mensch und Tier.

Da man über Geschmack gut streiten kann und Schönheit immer im Auge des Betrachters liegt, lohnt es nicht, die Schönheit der Pflanzenpracht gegen die architektonisch ansprechende Struktur auszuspielen. Folgendes Argument spricht aber deutlich für mehr Natur ums Haus: Das Lebendige hat per se einen höheren Wert als totes Gestein.

Mein kleines Zeichen Nr. 1: Pflanzenschutz ohne Gift

Wollen Sie auf die Giftspritze verzichten, wenn Läuse, Schnecken und Co. sich an Ihren Rosen, dem Gemüsebeet oder Apfelbaum gütlich tun? Dann hilft nur Vorsorge!

Guter Boden Mit der richtigen Grundlage fängt es an. Ein guter Boden ist nährstoffreich und macht die Pflanzen stark und widerstandskräftig. Nur schwer können sich die Mundwerkzeuge von Parasiten durch festes, gesundes Blattgewebe bohren.

Mischkultur Gesellen Sie in der kommenden Pflanzsaison neue Arten neben die Gewächse, die bislang oft von Schädlingen befallen wurden! Mischkulturen haben sich seit jeher bewährt. Vor allem Duft- und Bitterstoffe sowie Wurzelausscheidungen können Läuse, Raupen, Fadenwürmer und Wühlmäuse vertreiben. Machen Sie sich sogenannte „Duftbarrieren“ zunutze und fassen Sie Ihre Beete mit Gewürz- oder Heilkräutern ein.

Mechanische Schädlingsbekämpfung Fangen Sie die Schädlinge rein mechanisch

Mischkulturen gegen Schädlinge

- Zwiebeln, Lauch und Knoblauch schützen Erdbeeren und Rosen vor Pilzinfektionen und Möhren vor dem Befall durch die Möhrenfliege.
- Tomaten neben Kohl lenken durch ihren strengen Blattgeruch den Kohlweißling ab.
- Lavendel schützt Rosen vor Blattläusen.
- Wermut beugt dem Säulchenrost an Johannisbeeren vor.

Rotieren Sie jährlich verschiedene Kräuter- und Gemüsekulturen. Gesunde Gärten ohne Gift sind so gut handhabbar.

So sieht die Larve unseres beliebten Marienkäfers aus. Bis sie sich verpuppt vertilgt sie bis zu 3.000 Pflanzenläuse.

durch Fallen, Netze, Fanggürtel, Leimfolien oder sogar von Hand. Nützlinge wie Raubmilben, Schlupfwespen, Gallmücken, Florfliegen und Marienkäfer können Sie im Internet bestellen (z.B. www.fh-weihenstephan.de).

Schlaugärtnern Je mehr Zusammenhänge Sie verstehen, desto leichter gelingt es, Schädlinge nicht unbewusst zu fördern. Gießen Sie z.B. Ihr Gemüse morgens und punktgenau anstatt abends und flächendeckend. Schnecken fühlen sich eingeladen, wenn sie abends aus ihren Verstecken kriechen und ihre Sohle über feuchte Erde gleiten kann. Streuen Sie um Setzlinge einen Kringel aus scharfkörnigem Sand oder Sägespänen. Schnecken meiden solche Substrate.

Mein kleines Zeichen Nr. 2: Wilde Ecke

Wilde Ecken sind Strukturen aus Steinen, unbehandeltem Holz, Laubhaufen, Sandhaufen, Wildstauden und Gebüsch. Sie eignen sich als Nistplatz und Unterschlupf für eine große Insektenvielfalt, darunter Wildbienen, sowie für Vögel, Kröten, Blindschleichen oder Igel – alles Tiere, die unerwünschte „Schädlinge" wie Schnecken, Raupen oder Läuse in Ihrem Garten gerne verspeisen. Solche Strukturen gehörten früher einfach dazu, als noch nicht alle Ritzen in unseren Häuserfassaden verschlossen waren, es Bretterlauben statt Gartenhäuschen aus Stahl und Glas gab und wir unsere Autos nicht auf Betonplatten in unserem Vorgarten parkten. Auch wenn Sie Wert auf Ordnung im Garten legen, so können Sie dennoch mit einer kleinen, wilden Ecke helfen, dass sich in Ihrem Reich auch viele Tiere wohlfühlen. Wo gibt es bei Ihnen den passenden Ort dafür? Manch kreativer Geist hat solch eine wilde Ecke durch eine künstlerisch gestaltete Abtrennung zum anderen Gartenteil zur schönsten Ecke des Gartens gemacht.

Ein alter Baumstumpf wird von holzliebenden Insektenarten gerne als Quartier bezogen.

Im Sommer freuen sich die Bienen, wenn sie in Ihrem Garten einen Streifen Wildblumen entdecken. Versuchen Sie es mal mit einer passenden regionalen, zertifizierten Wildblumenmischung entlang eines Weges oder Zaunes. Es gibt im Internet einige gute Regio-Saatgutanbieter. Alternativ graben Sie einen Streifen Ihres Rasens um und lassen Sie wachsen, was wachsen will. Sie können sich ggf. auch Heudrusch von einem Verein oder Landwirt besorgen, der am Stadtrand bunte Wiesen ein- oder zweimal im Jahr mit dem Mäher bearbeitet. Nur ein Bündel davon bei Ihnen auf die frisch umgegrabene, geplättete Bodenkrume schlagen. Dann fallen die Samen heraus und es macht sich bei Ihnen die ortsübliche Flora breit.

Geeignete Arten für Ihre Kräuterspirale			
Pflanzenname	Blütenzeit/Blütenfarbe	Standortansprüche	Wuchshöhe
Winter-Bohnenkraut *(Satureja montana)*	8–10 weiß	sonnig; warme, durchlässige, nährstoffreiche Böden	24–40 cm
Breitblättriger Thymian *(Thymus pulegioides)*	6–10 purpur	sonniger Standort mit magerem, sandigem Boden	10–30 cm
Echter Lavendel *(Lavandula angustifolia)*	6–9 blau / violett	vollsonniger Standort mit nur mäßig feuchtem Boden	30–100 cm
Echter Salbei *(Salvia officinalis)*	6–8 rot	vollsonniger, warmer Standort; durchlässiger, nicht zu feuchter Boden	30–80 cm
Basilikum *(Ocimum basilicum)*	6–8 weiß	mäßig trockene bis frische Böden, pH-neutral bis kalkhaltig	20–60 cm
Wiesenkümmel *(Carum carvi)*	6–8 weiß	mäßig trockene bis frische Böden, Erde reich an Nährstoffen	40–70 cm
Estragon *(Artemisia dracunculus)*	6–8 weiß	Böden, die gut Wasser speichern, pH-neutral bis kalkhaltig	60–150 cm
Echter Koriander *(Coriandrum sativum)*	6–7 weiß	humusreiche, durchlässige Böden, regelmäßig gießen, ggf. Frühbeetflies	30–60 cm
Dill *(Anethum graveolens)*	7–8 gelb	halbschattig bis vollsonnig; Boden leicht feucht und gut drainiert	30–70 cm
Petersilie *(Petroselinum crispum)*	6–8 grüngelblich	gerne Halbschatten; mäßig trocken, keine Staunässe	30–50 cm
Schnittlauch *(Allium schoenoprasum)*	6–8 rosa	sonnig; mäßig trockene bis frische Böden, Erde reich an Nährstoffen	10–40 cm

Mein kleines Zeichen Nr. 3: Die Kräuterspirale

Neben Dill, Schnittlauch und Petersilie können Sie in einer Kräuterspirale getrost weitere 20 Arten sprießen lassen. Bereichern Sie Ihre Küche um Gewürze wie Rosmarin, Ysop und Thymian oder machen Sie leckere Teeaufgüsse aus Anis, Fenchel, Kamille, Salbei oder Melisse. Die meisten heilenden und würzenden Kräuter sind sonne- und wärmeliebend und mögen magere Böden. Wo diese Kräuter blühen, finden sich im Nu die unterschiedlichsten Wildbienen, Schmetterlinge und andere nützliche Insekten ein. Ein Wildbienenhotel daneben angebracht, und schon können Sie oder Ihre Kinder

Die Kräuterspirale ist ein schönes Element der Gartengestaltung und bereichert die Küche.

sich auf interessante Beobachtungen aus der Nähe freuen. Ihr Garten lebt, hurra!
Sie errichten die Spirale aus Natursteinen, Steinschutt und wenig Erde. Der Vorteil einer spiralförmigen Struktur ist, dass auch bei kleiner Grundfläche viel Raum geschaffen wird. Außerdem herrschen am Fuß der Trockenmauer feuchtere und schattigere Bedingungen als an der Spitze. So werden Sie den unterschiedlichen Bedürfnissen der Pflanzen gerecht. Grundgerüst einer jeden Kräuterspirale sind mehrjährige Pflanzen, dazwischen säen Sie ein- und zweijährige Kräuter aus.

Mein kleines Zeichen Nr. 4: Balkon und Terrasse naturnah

Auch ein Balkon oder eine kleine Terrasse lassen sich bienenfreundlich gestalten!
Ein geschicktes Anbringen Ihrer Balkonkästen – parallel nach außen zur Hausfassade gerichtet wie auch nach innen zum Balkon – kann die Fläche für Bienenblumen fast verdoppeln. Zusätzlich gibt es Rankhilfen und vertikale Strukturen aus Eisen, Kunststoff oder Holz, in denen viele Töpfe unterschiedlicher Größe Platz finden. Wählen Sie flachwurzelnde und eher trockenresistente Blumen, dann haben Sie und die Bienen lange etwas davon.

Viele heimische Pflanzen wie der Hornklee können Trockenheit überstehen – für Kübel geeignet.

Torffreie Blumenerde

Verwenden Sie bitte keine torfhaltige Blumenerde – die Welt braucht dringend lebendige und keine abgetorften Moore! Sie beherbergen nicht nur viele Pflanzen- und Tierarten, sondern sind wertvolle Kohlenstoff-Speicher. Wir tragen bei jeder einzelnen Entscheidung, Torf in unserem Garten zu verwenden, dazu bei, dass nach den letzten Mooren in Deutschland nicht auch noch die schönsten, intakten Moore in Osteuropa und anderswo vernichtet werden. Viel sinnvoller wäre es, eigene Komposterde zu verwenden oder torffreie Gartenerde, die durch Hitze sterilisiert wurde. Dadurch verhindern Sie, dass „Unkrautsamen" Ihre Gestaltung zunichte machen.

Wildstauden für Balkon und Terrasse

Je größer der Topf, umso besser geht es der Pflanze. Als Erde empfiehlt sich strukturstabile Dachgartenerde, und zwar Intensiv-Substrat mit ca. 70 % mineralischen und 30 % organischen Anteilen. Für die Bepflanzung kommen v. a. trockenresistente sowie windfeste Pflanzen infrage. Setzen Sie wuchsstarke Arten nicht mit konkurrenzschwachen Pflanzen in einen Topf.
Immer mehr Gärtnereien bieten bienen-

Geeignete Kletter- und Rankpflanzen für Balkon und Terrasse			
Pflanzenname	Blütenzeit/Blütenfarbe	Standortansprüche	Wuchs
Ranken-Platterbse *(Lathyrus aphaca)*	4–5 gelb	sonnig bis lichtschattig; lockerer, humoser Boden	bis 40 cm
Gewöhnliche Waldrebe *(Clematis vitalba)*	5–7 weiß	licht- bis halbschattig; humoser Boden	bis 250 cm
Wald-Geißblatt *(Lonicera periclymenum)*	5–7 cremeweiß / gelb	sonnig bis lichtschattig; lockerer, humoser Boden	bis 250 cm
Hunds-Rose *(Rosa canina)*	6–7 rosa	sonnig; durchlässiger, nährstoffreicher Boden	bis 200 cm
Wilde Weinrebe *(Vitis vinifera* subsp. *sylvestris)*	5–6 weißlich	sonnig; lockerer bis fester Boden	bis 1000 cm
Efeu *(Hedera helix)*	8–10 weißlich	sonnig; lockerer Boden	bis 1000 cm
Freilandgurke *(Cucumis sativus)*	8–9 gelb	sonnig; humoser Boden	bis 200 cm
Zierkürbis *(Cucurbita)*	6–8 gelb	sonnig; durchlässiger, nährstoffreicher Boden	bis 300 cm
Feuerbohne *(Phasaeolus coccineus)*	6–7 orange-rot / rot	sonnig bis halbschattig; lockerer, humoser Boden	bis 500 cm

freundliche Wildpflanzen an. Für sonnige Balkone eignen sich diverse Thymianarten, Oregano, Färberkamille, Glockenblumen, Grasnelke, Heidenelke, Karthäusernelke, Reiherschnabel, Senf, Steinkraut, Johanniskraut, Rotes Seifenkraut, Katzenminze, Besenheide u.v.m. Für größere Töpfe gehen auch Malve, Lungenkraut, Strauch-Kronwicke, Ysop, Österreichischer Geißklee, Kopf-Zwergginster, Bibernellrosen u.v.m.

Mein kleines Zeichen Nr. 5: Ein grüner Hinterhof

In vielen Städten verbergen sich hinter den breiten und hohen Häuserfassaden oft ungeahnt große, unbebaute Flächen – die Hinterhöfe. Wurden sie in den letzten Jahrzehnten oft nur zum Abstellen von Fahrrädern, als Parkplatz fürs Auto oder als Ort für die Mülltonne betrachtet, macht sich auch hier langsam die Erkenntnis breit, dass das gesamte soziale Wohlfühlklima verbessert werden kann, wenn auf diesen Flächen grüne oder bunte Oasen sprießen. Die Grüne Liga Berlin e.V. inspiriert und berät die Hauptstädter seit Jahren, ihre Höfe zu begrünen – erfolgreich! Aller Anfang ist zwar schwer, und es bedarf natürlich des Zusammenraufens der Hausbewohner, einen verwahrlosten Hof schön zu gestalten. Aber manchmal entwickelt sich aus dem Engagement eines Einzelnen ein tolles Gemeinschaftsprojekt. In die Hände gespuckt, und los geht's! Laden Sie einfach alle zu einer kleinen Versammlung ein, auf der Sie von Ihrer Vision erzählen. Wenn Ihre Nachbarn bereit sind, sich mit dem Thema gedanklich auseinandersetzen, bringen Sie

Schattenverträgliche einheimische Stauden

Gerade in Hinterhöfen kann es oft recht schattig sein. Doch es gibt zahlreiche einheimischen Stauden, die den Schatten ganz gut ertragen können. Dazu gehören: Akelei, Aronstab, Bärlauch, Clematis, Einbeere, Frauenschuh, Geißbart, Weißes und Gelbes Buschwindröschen, Haselwurz, Knoblauchsrauke, Kriechender Günsel, Leberblümchen, Lungenkraut, Nieswurz, Purpurglöckchen, Salomonsiegel, Waldziest, Stechapfel, Taubnessel, Türkenbundlilie, Waldstorchschnabel.

schnell einen Wunschbriefkasten an, in den jeder seine eigenen Ideen einwerfen kann. Überzeugen Sie mit dem Satz: Es kann nur besser werden! Beteiligen Sie sich an einem Wettbewerb, wenn es einen in Ihrer Stadt gibt. Das motiviert. Und der gewollte Nebeneffekt: Auch hier schaffen Sie Nahrung und Lebensräume für zahlreiche Insektenarten.

Ideen für den Start

Wege und befestigte Plätze sind am teuersten und beständigsten. Über sie sollte am meisten nachgedacht werden. Nutzen Sie Natursteine, Kiesel, Bretter oder recycelten Bauschutt. Auch Rindenmulch kann einen Wegbelag darstellen.

Blühstauden verwandeln Ihren Hof in eine bunte Augenweide. Für diese Pflanzen reicht es, wenn Sie 30 Zentimeter hoch Erde direkt auf den Asphalt, Schotter oder Pflastersteine aufbringen, je nachdem, womit Ihr Hof belegt ist. Einfassen können Sie die Beete z. B. mit Pflastersteinen, zwischen die Sie 1–2 Meter lange und 30 Zentimeter hohe Holzplanken stecken.

Hinter diesem heimischen Staudenbeet findet sich eine Trockenmauer, die die Terrasse einfasst.

Hochbeete gibt es inzwischen in diversen Ausführungen und sie schonen den Rücken.

Ein mit Stauden eingegrüntes Mülltonnenhäuschen hat auch nicht jeder: ein richtiger Hingucker.

Hochbeete eignen sich zwar auch für Stauden, sind aber besonders sinnvoll, wenn Sie Gemüse rückenschonend anbauen und ernten wollen. Kostengünstig lässt sich ein Hochbeet aus Holz herstellen. Es sollte nicht breiter als 1,50 Meter sein, da es ja umrundet werden muss und nicht wie ein ebenerdiges Beet begangen werden kann. Gut geeignet sind robuste einheimische Harthölzer wie Lärche oder Robinie. Von innen gegebenenfalls ein feinmaschiges Gitter anbringen, damit keine Nager eindringen und Wurzelschäden verursachen können. Um Austrocknung vorzubeugen und das Holz zu schützen, können Sie an den Wänden noch eine Folie anbringen. Um Staunässe vorzubeugen, darf die Folie nicht am Boden angebracht werden. Die Füllung besteht von unten nach oben aus Baum- und Strauchschnitt, Blättern, halb verrottetem Gartenkompost und Humus. Keinen Torf verwenden!

Vorhandene Strukturen nutzen Platz ist in der kleinsten Hütte – und auf dem kleinsten Vorsprung. Schon vier etwa 20 cm hohe und 1–2 cm starke Bretter reichen aus, um aus der Abdeckung Ihrer Mülltonnen ein ansehnliches Grün für Biene und Co. zu machen. Zwei Stahlwinkel in jeder Ecke anbringen und verschrauben, auf die Ablage setzen, mit Erde füllen, fertig. Nun kann gepflanzt oder gesät werden. Nicht nur die Kollegen von der Müllabfuhr freuen sich über diesen Anblick.

Mein kleines Zeichen Nr. 6: Baumscheiben bepflanzen

Jeder von uns kennt den Anblick festgetretener, vermüllter und als Hundeklo missbrauchter Baumscheiben. Wir können es alle schöner haben! Die meisten Kommunen begrüßen es, wenn Sie in Ihrem Straßenzug eine oder mehrere Baumscheiben mit flach wurzelnden Stauden, Blumen oder Kräutern bepflanzen oder diese aussäen. Sie verschönern damit nicht nur Ihre unmittelbare Umgebung, sondern tun dem Baum auch etwas Gutes: Die kleinen Wurzeln der Pflanzen halten das Regenwasser länger im Boden und durchlüften diesen

Es macht einfach viel Spaß, mit Nachbarn die Vorderbeete zu neuem Leben zu erwecken.

auch. Die Menschen spazieren nicht mehr direkt über die Baumscheibe und verdichten den Boden nicht. Und Sie locken Insekten an, die hier Nahrung finden und die Blumen bestäuben. An einigen Plätzen und Straßen ist die Bepflanzung ggf. nicht gestattet, deshalb am besten beim Grünflächenamt nachfragen oder im Internet prüfen.

Wenn Sie folgende Tipps und Hinweise beherzigen, erfreut im nächsten Frühjahr und Sommer ein hübsches kleines Plätzchen vor Ihrem Haus Ihr Herz. Vielleicht eifern die Nachbarn Ihnen ja nach, sodass am Ende der ganze Straßenzug einen lebendigen Charakter bekommt und das Summen von Wildbienen die Luft erfüllt!

Anmelden Melden Sie Ihre Pflanzaktion unkompliziert beim Grünflächenamt an. Vorteil einer Anmeldung: Falls Änderungen in Ihren Pflanzplänen nötig sein sollten, kann Sie das Amt darüber in Kenntnis setzen, bevor Sie die Aktion durchführen. Das Amt kann Sie dann im Vorfeld anstehender Baumpflegeaktionen oder Bauarbeiten rechtzeitig informieren und evtl. verantwortliche Pflegefirmen erfahren von Ihrer Baumscheibe und lassen sie in Ruhe.

Wasser Sichern Sie eine regelmäßige Bewässerung! Betrachten Sie das neue Grün als Ihr privates Stück Land. Jeder darf sich daran freuen, aber Sie tragen die Verantwortung. Eine kleine Regenwassertonne in der Nähe macht lange Gänge mit der Gießkanne unnötig. Ein „Deckel“ aus Maschendraht verhindert den Missbrauch der Tonne als Mülleimer.

Sicherheit Sie müssen die Verkehrssicherheit gewährleisten. Der Mindestabstand zur Fahrbahn beträgt 50 cm, zum Radweg 25 cm. Zäune müssen angemeldet werden. Bedenken Sie dabei:

- Die Sicht für Fußgänger, Rad- und Autofahrer darf nicht beeinträchtigt werden.
- Die Aussaat oder Pflanzung von Gehölzen, dornigen (z.B. Rosen), giftigen und kletternden sowie stark wachsenden Pflanzen ist nicht erlaubt.

Frühjahrsblüher

Ob auf Baumscheiben oder im Beet ... setzen Sie Frühjahrsblüher möglichst häufig zwischen Stauden oder unter Bäume und Sträucher. Sie bringen den Bienen im zeitigen Frühjahr Pollen und Nektar für sich und ihre Brut.

Schöne Frühjahrsblüher sind Buschwindröschen, Christrose, Winterling, Krokus, Leberblümchen, Maiglöckchen, Märzenbecher, Schneeglöckchen, Scilla und Waldmeister.

» Stellen Sie die Pflege wieder ein, müssen Sie Einfassungen und die Bepflanzungen entfernen.

Vorsichtig umgraben Lockern Sie den Boden nicht tiefer als 15 cm und beschädigen Sie die Baumwurzeln nicht. Tragen Sie nicht mehr als 10 cm Erde auf, um zu vermeiden, dass der Regen die Erde auf die Gehwegplatten spült.

Mein kleines Zeichen Nr. 7: Dachbegrünung

Stellen Sie sich vor, wir würden die Dächer unserer Häuser und Garagen, Carports, Schuppen und Gartenhäuschen nicht nur als unseren Schutz vor unliebsamer Witterung betrachten, sondern als Fläche, die wir der Natur zur Verfügung stellen können. Da kommen viele Quadratmeter zusammen! Dächer können Inseln für Pflanzengesellschaften sein, die in der Natur immer seltener werden. Wenn es dort grünt und blüht, stellen sich nach und nach Schmetterlinge, Wildbienen und Singvögel ein. Steingarten- bzw. Trockenmauerpflanzen eignen sich gut für die Begrünung von Dächern. Sie sind sehr genügsam und können mit Trockenheit und Hitze gut umgehen.

Mit dieser Verschönerungsaktion schützen Sie Ihr Dach vor Wind und Wetter, verbessern das Mikroklima vor Ort, nutzen das Gründach als natürliche Dämmung und sparen dadurch Strom, halten Regenwasser zurück und haben das gute Gefühl, einfach aus dem Nichts eine kleine Oase geschaffen zu haben. Und das, ohne dass Sie dafür eine andere Fläche in Ihrer Nutzung hergeben müssen.

Das sollten Sie beachten

» Prüfen Sie die Belastbarkeit des Daches. Je nach Bewuchs kommen 25 bis 250 kg

So viele Dächer überall. Schaffen wir doch auch hier Lebensräume für Pflanzen und Tiere!

Geeignete Pflanzen für die Dachbegrünung und andere trockene Standorte

Pflanzenname	Blütenzeit/Blütenfarbe	Standortansprüche	Wuchshöhe
Berg–Aster (*Aster amellus*)	8–10/blauviolett	sonnig, trocken	20–50 cm
Breitblättriger Thymian *(Thymus pulegioides)*	6–10/purpur	sonnig, trocken	10–30 cm
Färberkamille *(Anthemis tinctoria)*	6–9/gelb	sonnig, trocken	20–50 cm
Felsen-Fetthenne, Tripmadam *(Sedum reflexum)*	6–8/gelb	sonnig, trocken	15–35 cm
Felsen-Fettkraut *(Sedum rupestre)*	6–8/gelb	sonnig, trocken	10–20 cm
Felsennelke *(Petrorhagia saxifraga)*	6–9/weiß, rosa	sonnig, trocken	10–25 cm
Gewöhnliche Prunelle *(Prunella vulgaris)*	6–8/blauviolett	sonnig, trocken	10–30 cm
Gewöhnlicher Majoran *(Origanum vulgare)*	7–10/hellpurpur	sonnig, trocken	20–60 cm
Gewöhnliches Labkraut *(Galium verum)*	6–9/gelb	sonnig, trocken	20–50 cm
Gewöhnliches Leinkraut *(Linaria vulgaris)*	6–10/gelb	sonnig, trocken	20–60 cm
Gewöhnliches Seifenkraut *(Saponaria officinalis)*	6–9/weiß, rosa	sonnig, trocken	30–80 cm
Großblütige Prunelle *(Prunella grandiflora)*	6–8/blauviolett	sonnig, trocken	10–30 cm
Heide-Nelke *(Dianthus deltoides)*	6–9/rot	sonnig, trocken	10–30 cm
Karthäuser-Nelke *(Dianthus carthusianorum)*	6–9/rot	sonnig, trocken	15–40 cm
Kleiner Habichtskraut *(Hieracium pilosella)*	5–10/gelb	sonnig, trocken	10–25 cm
Kleiner Wiesenknopf *(Sanguisorba minor)*	5–8/rosarot	sonnig, trocken	30–60 cm
Kleines Seifenkraut *(Saponaria ocymoides)*	5–6/rot	sonnig, trocken	20–30 cm
Knäuel-Glockenblume *(Campanula glomerata)*	6–9/blauviolett	sonnig, trocken	30–60 cm
Nickendes Leimkraut *(Silene nutans)*	5–8/weiß	sonnig, trocken	30–60 cm
Orangerotes Habichtskraut *(Hieracium aurantiacum)*	6–8/gelborange	sonnig, trocken	20–40 cm
Pfirsichblättrige Glockenblume *(Campanula persicifolia)*	6–8/blau	sonnig, trocken	30–80 cm
Rundblättrige Glockenblume *(Campanula rotundifolia)*	6–9/hellblau	sonnig, trocken	10–40 cm
Scabiosen-Flockenblume *(Centaura scabiosa)*	6–9/purpur	sonnig, trocken	30–90 cm
Schafgarbe *(Achillea millefolium)*	6–10/weiß	sonnig, trocken	15–50 cm
Scharfer Mauerpfeffer *(Sedum acre)*	6–8/gelb	sonnig, trocken	10–20 cm
Schnittlauch *(Allium schoenoprasum)*	6–8/rosa	sonnig, trocken	10–40 cm
Silber-Fingerkraut (*Potentilla argentea)*	6–8/gelb	sonnig, trocken	10–40 cm
Storchschnabel *(Geranium robertianum)*	5–10/rosa	sonnig, trocken	20–40 cm
Wald-Erdbeere *(Fragaria vesca)*	4–6/weiß	sonnig, trocken	10–40 cm
Weißer Mauerpfeffer *(Sedum album)*	6–7/weiß	sonnig, trocken	10–20 cm
Wiesenmargerite *(Chrysanthemum leucanthemum)*	6–10/weiß	sonnig, trocken	20–50 cm
Wilder Thymian *(Thymus serpyllum)*	6–10/purpur	sonnig, trocken	10–15 cm

Gewicht auf einen Quadratmeter. Nicht jedes Dach ist dafür geeignet!

» Damit der Bewuchs nicht unter Staunässe leidet, erzeugen Sie am besten eine leichte Schräge.
» Ziehen Sie zumindest bei Haus- und Industriedächern auf jeden Fall einen Architekten oder Dachdecker zurate, um Brandschutz, An- und Abschlüsse sowie die Statik zu berücksichtigen.
» Dachbegrünungen haben keinen Anschluss an den Nährstoffkreislauf. Daher müssen verschiedene künstliche Funktionsschichten, wie z. B. Sisalmatten, zum Speichern von Wasser und Nährstoffen aufgebracht werden.
» Man unterscheidet je nach Stärke der Substrat- oder Vegetationsschicht die intensive von der extensiven Begrünung. Die intensive Begrünung wird 25–35 cm hoch, die extensive nur 3–15 cm.

Im Internet finden Sie schnell Hersteller sogenannter Selbstbausets. Diese einfachen Dachbegrünungssysteme bestehen meist aus Vegetations- und Speichermatten. Sie sind in vielen Baumärkten und im Einzelhandel erhältlich. Meist werden Pflanzenmischungen aus verschiedenen Sedum-Arten wie Mauerpfeffer und Fetthenne angeboten. Doch Achtung, es gibt Unterschiede im Pflanzenmaterial! Oftmals werden Stauden angeboten, die in kurzer Zeit unter Düngergabe und in warmen Ländern oder Gewächshäusern gezogen wurden. Es sind meist kleine Pflänzchen mit dünnen Würzelchen. Sie halten die normalen windigen, in unseren Breiten oft kühlen Bedingungen oft nicht sonderlich gut aus und machen wenig Freude.

Das Leberblümchen eignet sich für die Unterpflanzung und Begrünung kahler Bodenareale, z.B. unter Büschen.

Tipp Suchen Sie nach Produzenten, die ihre Pflanzen unter Wetterbedingungen im Freiland und bei uns in Deutschland ziehen. Sie haben robustes Gewebe, starke Wurzeln und werden zügig und nachhaltig Ihr Dach in ein wunderschön blühendes Paradies verwandeln.

Mein kleines Zeichen Nr. 8: Frühjahrsblüher pflanzen

Ohne auf Freizeitaktivitäten in der warmen Jahreszeit zu verzichten, können Sie den Bienen trotzdem etwas Gutes tun: Stecken Sie im nächsten Herbst Zwiebeln von Krokussen, Schneeglöckchen, Winterlingen oder Märzenbecher eine gute Handbreit unter die Grasnarbe (Pflanzhilfen gibt es in Baumärkten für wenige Euro zu kaufen). Schon im Februar lugen violette, gelbe und weiße Köpfchen aus der kalten Erde und erzeugen eine schöne Vorfreude auf den nahenden Frühling. Wird es wärmer als 5 °C, möchte sich schon manche Wildbiene bei ihrem ersten Flug am nahrhaften Pollen und Nektar laben. Honigbienen dagegen brauchen Temperaturen über 10 °C, um in Fluglaune zu kommen.

Blühkulturen aus dem Bereich Obst und Gemüse

All diese Pflanzen werden durch verschiedene Insekten bestäubt, die hier ihre Nahrung finden. Wir Menschen nutzen sie erst, *nachdem* sie durch die Bestäubung Früchte oder Samen hervorgebracht haben. Folgende Pflanzen eignen sich besonders gut, wenn Sie gerne Gemüse ernten oder immer wieder neue Pflanzen aus eigenen Samen ziehen wollen.

Doldenblütler Fenchel, Kümmel, Kerbel, Dill, Anis, Petersilie, Möhre, Sellerie

Korbblütler Sonnenblume, Kamille, Artischocke, Topinambur, Chicoree

Kreuzblütler Raps, Senf, Kohl

Kürbisgewächse Kürbis, Gurke, Melone, Zucchini

Nachtschattengewächse Paprika, Tomate, Kartoffel, Aubergine

Rosengewächse Kern- und Steinobst, Erdbeere, Brombeere, Himbeere, Mispel, Schlehe, Hagebutte

Hülsenfrüchte Erbse, Bohne, Linse

Mein kleines Zeichen Nr. 9: Wiesen einsäen

Wenn Sie die Köpfe von Gänseblümchen und Löwenzahn im zeitigen Frühjahr mal ein paar Wochen länger stehen lassen, vor allem dann, wenn die anderen Pflanzen noch nicht blühen und den Bienen keine Nahrung geben, haben Sie Ihr Herz für Biene und Co. entdeckt! Oft sind genügend Samen im Boden, dass es ausreicht, den Rasen nur zweimal im Jahr zu mähen: Ende Juni und Ende September. Sie werden staunen, was für eine Vielfalt dort schlummerte. Erfolgversprechender ist in aller Regel aber die Einsaat. Dabei auf keinen Fall einfach in die vorhandene Rasenfläche einsäen, denn die Samen fallen dann nicht auf die Bodenkrume, sondern in den dichten Bewuchs, und falls ein Samenkorn Kontakt zur Erde erleben darf, sind die Wurzeln des Rasens meist zu konkurrenzstark für den Keimling.

Beides nebeneinander ist durchaus möglich: Rasen zum Fußballspielen und eine Wiese für Naturerlebnisse und Insekten.

Sinnvoll ist es, wenn Sie die Grasnarbe abtragen und Regio-Wiesenmischungen einsäen. Echte Wiesen sind langlebige Lebensräume und enthalten etwa 50% Blumen und 50% Gräser. In ihren ersten Jahren verändern sich Wiesen sehr stark. Bedenken Sie: In der Natur gibt es 300 Wiesentypen, welche vor allem von Klima- und Bodenbedingungen abhängen. Die Pflanzenarten, denen der Standort zusagt, werden über die Jahre reiche Populationen aufbauen, wenige andere gehen zurück. Mähen Sie stets nur einen Teil Ihrer Wiese und räumen Sie den Grasschnitt ab, dann bleibt der Boden schön mager und artenreich.

Heutzutage sind Samenmischungen beliebt, die viele ausländische Pflanzen beinhalten, wie z.B. den Goldmohn. Auch manche invasive Art ist dabei (siehe S. 16), also nutzen Sie lieber Wiesenmischungen, die sich hierzulande auch wirklich etablieren können. Feldblumenmischungen sind hübsch anzusehen und blühen schon sechs Wochen nach Aussaat, sind aber hauptsächlich einjährig und erscheinen nach zwei bis drei Jahren nicht mehr. Den Bienen hilft es daher viel mehr, wenn wir uns wieder auf die echten Wiesen besinnen, die in der freien Landschaft leider immer mehr zurückgehen.

Mein kleines Zeichen Nr. 10: Heimische Gehölze pflanzen

Sträucher im Garten müssen nicht gleichmäßig grün und akkurat geschnitten sein. Wenn Sie verschiedene Blühgehölze kombinieren, erhalten Sie eine Hecke, die zu jeder Jahreszeit anders aussieht, Bienen durchgängig Futter gibt und Sie oder heimische Tiere im Herbst mit Früchten versorgt.

So könnte Ihre Pflanzenauswahl aussehen:

» Die Kornelkirsche blüht bei milden Temperaturen bereits im Februar, sonst im zeitigen März. Sie hat zart gelbe, duftende Blüten und essbare Früchte.

» Die Felsenbirne bringt von April bis Mai weiße Blüten und trägt im Sommer süße, essbare Früchte. Im Herbst schmückt sie Ihren Garten mit einer schönen bunten Laubfärbung.

» Der Traubenholunder wird nur 4 m hoch und blüht gelblich im April und Mai.

» Ein Sommerblüher ist die Apfel-Rose. Im Juni und Juli können Sie sich an den rosa Blüten, später im Jahr an den knallroten Früchten erfreuen, die Sie als Hagebutten verzehren können.

» Weitere geeignete Arten für eine naturnahe Hecke sind auch Berberitze, Weißdorn, Wolliger Schneeball, Eberesche, Pfaffenhütchen und Wildrosen.

Diese Sträucher werden gerne von Hummeln besucht

Pflanzenname	Blütenzeit/Blütenfarbe	Standortansprüche	Wuchshöhe
Kornelkirsche *(Cornus mas)*	3–4 gelb	Sonne bis Halbschatten; lockere, humose Böden	3–6 m Früchte essbar
Felsenbirne *(Amelanchier ovalis)*	4–5 weiß	Sonne bis Halbschatten; lockere, humose Böden	2–5 m Früchte essbar
Faulbaum *(Frangula alnus)*	5–8 weiß	Sonne bis Halbschatten; feuchte, tiefgründige Böden	1–3 m
Rote Heckenkirsche *(Lonicera xylosteum)*	5–6 gelb	Schatten bis Halbschatten; lockere, humose Böden	1–3 m
Weißdorn *(Crataegus laevigata)*	5–6 weiß	Sonne bis Schatten; anspruchslos an den Boden	2–20 m Früchte essbar
Schlehe *(Prunus spinosa)*	5–6 weiß	Sonne; nährstoffreiche, humose, lockere Böden	1–3 m Früchte essbar
Zwergmispel *(Cotoneaster spec.)*	5–6 rosa	Sonne bis Halbschatte; frische, nährstoffreiche Böden	1–2 m

Blühhecke pflanzen

Es gibt ein paar Dinge, die Sie bei der Planung und Pflanzung einer blühenden Hecke beachten sollten:

- Berücksichtigen Sie die Wuchshöhe und -form der einzelnen Blühsträucher. Pflanzen Sie, wenn möglich, niedriger wachsende Sorten neben höhere Sträucher.
- Planen Sie ausreichenden Abstand zu Grundstücksgrenzen ein, da die Hecke schnell in die Breite wächst.
- Die Hecke wird dichter, wenn Sie die Sträucher etwas versetzt pflanzen.

Mein kleines Zeichen Nr. 11: Der Garten im Winter

Es ist eine Angewohnheit vieler Gartenbesitzer: Sie machen ihren Garten auf eine Art und Weise „winterfest", dass aber auch das letzte Blättchen in der braunen Mülltonne verschwindet. Dabei ist der Garten doch keine Waschküche, die einmal im Jahr ordentlich gefegt und gesäubert werden muss. Kein Zweig bleibt liegen, alle Stauden werden kurz gestutzt und die Erde blank und schutzlos dem Winter überlassen. Und damit auch die in und auf der Erde lebenden Bewohner. In der Natur kommt das nicht vor. Insekten, Würmer, Igel, Kröten, Blindschleichen und andere Tiere finden immer genügend Laub, Äste oder Mauerritzen, in denen sie sich im Winter gegen die Kälte schützen können. Viele Wildbienen zum Beispiel legen ihre Eier zwischen Frühjahr und Sommer in vorhandene oder selbst gebohrte Löcher in holzige Strukturen, in Stängel oder Steinnischen. Die Brut braucht eine Kälteperiode, bevor sie im Frühjahr als erwachsene Biene schlüpfen kann. Finden sie diese Schutzräume nicht, nützt ihnen auch keine Blumenwiese im Sommer. Daher denken Sie auch in der kalten Jahreszeit an Bienchen und Co. Sie sind nur aus dem Auge, nicht aus dem Sinn. Also lassen Sie ruhig das Laub liegen und schneiden Sie Stauden nicht zurück – die Tiere werden es Ihnen danken.

Zwischen totem Laub unter dem Schnee finden viele Tiere ein Plätzchen zum Überwintern.

Mein kleines Zeichen Nr. 12: Künstliche Nisthilfen

Fast alle Anbieter wie Gartencenter oder Baumärkte, die sich nicht auf Wildbienen-Nisthilfen spezialisiert haben, bieten leider ungeeignete Nisthilfen an. Diese präsentieren sich zwar schön, sind aber mit ihren Kiefern- oder Tannenzapfen, Heu oder Holzschnitzeln, Fächern für Florfliegen oder Bohrungen in Weichholz gänzlich ungeeignet. Bitte bauen Sie diese „Insektenhotels" nicht einfach nach. Erkundigen Sie sich nach den Lebens- und Versteckgewohnheiten der Tiere, und Sie werden staunen! Ein paar Klicks im Internet oder der Blick in ein fundiertes Buch helfen, Ihnen die Augen zu öffnen. Machen Sie sich daran, eine Nisthilfe selbst oder mit Freunden zu bauen. Das ist oftmals viel sinnvoller und erfüllender, als ein schlechtes Exemplar zu kaufen, in das keine Biene einzieht.

Hilfe für oberirdisch nistende Bienen

Geeignetes Holz und scharfe Bohrer Am besten verwenden Sie unbehandeltes Hartholz, z.B. Buche oder Obsthölzer, dann hält die Nisthilfe besonders lang. Bohren Sie Löcher mit einem Durchmesser von 2–9 mm in einem Abstand von ca. 3 cm. Die verschiedenen Bienenarten bevorzugen unterschiedliche Durchmesser für ihre Nistgänge. Die Tiefe der Bohrungen bestimmt die Anzahl der Brutkammern, aus denen ein Nest besteht. Die meisten Bienen, die in oberirdische Hohlräume 8–10 Eier legen, brauchen dafür etwa 10 cm lange Brutröhren. Auf der Rückseite des Bohrloches muss der Gang geschlossen sein.

Verwenden Sie nur scharfe Holzbohrer. Kurzes Nacharbeiten mit Schleifpapier hilft, dass auch die Eingangsränder schön glatt sind. Unscharfe Bohrer oder noch feuchtes Holz führen zu feinen Holzfasern in den Bohrlöchern. Diese zerstören die zarten Flügel der Wildbienen bzw. sie meiden solche Löcher. Bohren Sie nicht in das Hirnholz, außer es besteht aus Hartholz und ist gut abgelagert, trocken und weist keine Risse auf. Durch die Trockenrisse dringt nämlich oft Wasser ein und die Brut droht zu verpilzen. Bohren Sie besser seitlich durch die Rinde in das Holz.

Schilf, Bambus, Papperöhrchen Schilfhalme und Bambus eignen sich vorzüglich und ersetzen z.B. hohle Pflanzenstängel, in denen

Der Draht verhindert das Wegfressen schlüpfender Wildbienen durch Meisen und Spechte.

Wildbienen gerne nisten. Achtung: Die im Baumarkt erhältlichen Schilfmatten sind meist mit Insektiziden behandelt! Damit will man verhindern, dass wir aus anderen Ländern die im dortigen Schilf lebenden Insekten nach Deutschland einschleppen.

Die Pflege von Wildbienen-Nisthilfen

Säubern Sie im Winter keinesfalls die Nisthilfen und bohren Sie die zugemauerten Löcher nicht wieder auf! Sie würden den gesamten Bruterfolg der Wildbienen zerstören, die Sie den Sommer über beobachtet haben. Erst wenn schon im dritten Jahr aus einem Nest nichts geschlüpft ist, kann man die Bohrungen wieder öffnen. Manch alter Brutgang wird allerdings von den Bienen selbst ausgeräumt, geputzt und wieder mit Eiern belegt. Wenn nach einigen Jahren die Nisthilfen nicht mehr gut genutzt werden, müssen das Schilf ausgewechselt und die Löcher im Holz nachgebohrt werden.

Nutzen Sie deshalb nur alte, gut gelüftete Matten oder schwemmen Sie die Gifte drei Wochen lang mit Wasser aus – das geht mit bereits geschnittenen Stängeln gut. Viel besser eignet sich jedoch heimisches, frisches Schilf. Es gibt einige Anbieter in Deutschland, die einen Versandhandel haben. Achtung: Mit einer normalen Gartenschere geschnitten, zerfasern die Enden der Stängel. Die Bienen verletzen sich beim Hineinschlüpfen dann leicht die Flügel oder nutzen die Halme nicht. Benutzen Sie besser eine Kreissäge mit feinen Sägeblättern. Schneiden Sie die vorher mit Draht gebündelten Stängel bei etwa 10 cm Länge durch. Die Bienen mögen es übrigens, wenn nebeneinanderliegende Einfluglöcher auf derselben Ebene enden. Eine einfache Alternative sind Pappröhrchen, die Sie im Internethandel für diesen Zweck kaufen können. Draht im Abstand von 3 cm vor den Röhren verhindert den Raub der Larven durch hungrige Vögel.

Tonziegel Es gibt im Internet Ziegelsteine mit Bohrlöchern zu kaufen, die speziell für Wildbienen hergestellt wurden. Diese werden von den Tieren gerne angenommen. Ebenso eignen sich Falzziegel, die früher beim Hausbau verwendet wurden. Diese sind aber eher selten aufzutreiben.

Hilfe für im Erdboden nistende Bienen

Drei Viertel der Wildbienenarten legen ihre Eier in selbst gegrabene Nester im Erdboden. Da wir jedoch meist den kompletten Garten oder Park zupflanzen oder pflastern, Mulchen oder Unkräuter jäten, finden Bienen immer seltener Ruheplätze für ihr Brutgeschäft. Seit einigen Jahren hat sich die Idee bewährt, als Abhilfe im Garten sogenannte Sandlinsen in den Boden einzulassen. Achtung: keinen rundkörnigen Spielsand verwenden, sondern Natursand, ggf. mit Erde gemischt. Sie können den Sand entweder in Zementbottichen anbieten, die Sie zuvor bis zum Rand in der Erde

Kreativ und preisverdächtig – so attraktiv können Nisthilfen von Jürgen Schwandt aus Augsburg sein.

Die Trockenrisse im Hirnholz ziehen Wasser in die Brutröhren, weshalb die Larven oft verpilzen.

Die Braunbrüstige Hosenbiene gräbt mit ihren behaarten Beinen bis zu einen Meter tief in die Erde und legt dort ihr Brutnest an.

versenkt haben. Alternativ häufen Sie einen großen Sandhaufen in einer sonnigen Ecke des Gartens auf und umgeben diese Struktur mit schönen Pflanzen, Steinen oder dicken Ästen. Daraus lässt sich was Ästhetisches machen!
Ideal ist es, wenn der Garten aus vielen nebeneinander bestehenden Kleinstrukturen besteht. In einem aufgeräumten Garten mit kurz geschorener Rasenfläche, Kieswegen, Nadelgehölzen und kaum Blütenpflanzen können auch Nisthilfen wenig ausrichten.

Wildbienen an ihren Nestverschlüssen erkennen

Einen gut durchdachten und daher einfach nachzuvollziehenden Bestimmungsschlüssel für die typischen Bewohner von Nisthilfen finden Sie auf Seite 71. Aber auch ohne die Bienen selbst zu sehen, können Sie erkennen, welche Arten in Ihrer Nisthilfe Eier abgelegt haben und welche Wildbienen Sie in der nächsten Frühjahrssaison erwarten

Besser wäre eine große Sandschüttung, aber ein solcher Topf mit Natursand ist besser als nichts.

können. Die Materialien, mit denen die Wildbienen ihre Nester verschließen, sind dabei das Erkennungszeichen. Mauerbienen verschließen ihre Nester zum Beispiel mit Lehm, und Scherenbienen bauen noch kleine Steinchen in den Verschluss ein. Blattschneiderbienen setzen winzige Blattstückchen auf den Verschluss, während Löcherbienen Harz verwenden. Nester von Maskenbienen sind mit einem pergamentartigen Häutchen aus ihrem Drüsensekret verschlossen usw. (siehe Bilder S. 73).

Diese beiden Schwestern schauten zwei Stunden gebannt auf den "Flugverkehr" und waren beeindruckt vom Bau der Nestverschlüsse.

Mensch und Biene

Mensch und Biene – eine sehr alte Beziehung

Während Hummeln und Mauerbienen erst seit einigen Jahren als Bestäuber in Gewächshäusern und Obstplantagen eingesetzt werden, machen die Menschen sich die Honigbienen schon seit vielen tausend Jahren zunutze. Was zunächst einfach Honigraub war, führte zur einzigen domestizierten Insektenart der Welt. Über lange Zeit pflegten Mensch und Biene ein gutes Auskommen miteinander. Doch in der jüngsten Vergangenheit scheint sich das Blatt zu wenden …

Honigbienen, die einzigen domestizierten Insekten der Welt

Es gibt weit mehr als die eine Million beschriebener Insektenarten – man schätzt bis zu 30 Millionen Arten weltweit. Hierzulande assoziieren die meisten Menschen beim Wort „Insekt“ leider nicht viel Gutes: Bekannt sind sie als Schädlinge von Nutz- und Zierpflanzen, als Blutsauger, Parasiten oder Vorratsschädlinge. Ekel und Abneigung sind vorprogrammiert. Als proteinreiche Nahrung werden Insekten hingegen in vielen anderen Teilen der Erde geschätzt. Mindestens 500 Insektenarten stehen weltweit auf den Speiseplänen vieler Völker. Unseren Ekel davor, Würmer oder Heuschrecken zu essen, verstehen sie nicht.

Doch auch wenn diese Speiseinsekten in großer Zahl vom Menschen gehalten, vermehrt und verkauft werden, sind sie nicht domestiziert im Sinne von „dem Menschen untertan gemacht“. Bei Haus- und Nutztieren allerdings – so auch bei der Honigbiene – wurden durch ausgeklügelte Zucht, Haltungssysteme und Spezialfütterungen diese Tiere ihrer Wildheit beraubt und domestiziert. Die auf Sanftmütigkeit gezüchteten Honigbienen erlauben dem Menschen, mit ihnen umzugehen. Es entstehen regelrechte Freundschaften zwischen Mensch und mancher Tierart. Hund, Katze, Vogel und natürlich das Pferd sind wohl die Klassiker.

Vom Wildtier zum Haustier

Das Spezielle an der Honigbiene ist nun, dass Insekten niemals eine persönliche Bindung zum Menschen knüpfen könnten – sie sind dazu nicht ausgelegt. Unsere Kommunikationswelten sind zu verschieden und die Lebensdauer einer Biene in der Regel viel zu kurz. Es bleibt also entscheidend für jeden Bienenhalter, die Gesamtheit des Biens durch gutes Beobachten und das Zurateziehen von Erkenntnissen der Bienenforscher zu verstehen.

Man braucht die Wissenschaft allerdings nicht zurate zu ziehen, um ohne lange zu überlegen auf „Bienisch“ das eindeutig kommunizierte Signal des Missfallens zu begreifen: Gleich greife ich an und steche dich. Sie werden von allen Fressfeinden und Honigräubern – einschließlich dem Menschen – spontan als Warnung verstanden: Nicht näher kommen!

Anstatt dies zu tolerieren und Abstand zu wahren, verstand der Mensch es, die Honigbienen auf Sanftmut zu züchten. Das bedeutet, viele der im Handel käuflichen Bienen stechen weit seltener als die Bienenpopulationen, die noch ursprünglich, wild und frei in den Landschaften vieler Länder unterwegs sind. Auch wurden die modernen Rassen auf Wabenstetigkeit selektiert. Das bedeutet, sie bleiben auf den Waben sitzen, wenn der Imker diese aus der Bienenbehausung zieht. Bei wilden Honigbienenvölkern undenkbar! Die dritte Eigenschaft, die der Imker natürlich gern selektierte, ist die Effektivität des Futtereinholens, die sogenannte Sammelfreudigkeit. Die ist nicht nur mit Blick auf einen höheren Honigertrag interessant für den Imker. Sie ist notwendig, weil inzwischen die durch Imker betreuten Völker etwa fünfmal so stark sind wie die wildlebenden Honigbienenvölker. Normalerweise umfassen wildlebende, nicht manipulierte Honigbienenvölker etwa 10.000 Individuen.

Wenn Imker nun vermehrungsbereite Bienen züchten und gleichzeitig die Bienenhäuser so gestalten, dass sie das Volumen der Bienenhäuser jederzeit vergrößern können, sobald ein Volk wächst, kann die natürliche Volksteilung der Honigbienen und damit das Schwärmen verhindert werden. So können Bienenvölker heute bis zu 60.000 Individuen stark werden. Eine hochgezüchtete Königin legt bis zu 3.000 Eier pro Tag! Die daraus schlüpfenden Larven wollen alle versorgt werden. Auch für die Drohnen und die im Stock arbeitenden Bienen ist viel Futter heranzuschleppen. Das

Halsbrecherisch: nepalesische Honigjäger klettern hoch hinauf in Felsen, um dort Honigwaben zu ernten.

alles erfordert eine hohe Sammelfreudigkeit der Arbeiterinnen.

Eine weitere wichtige Eigenschaft, die von Bienenzuchtanstalten als wertvoll erachtet wird, ist die Schwarmträgheit der Honigbienen. Das bedeutet, dass die Bienenvölker sich im Frühjahr nicht sofort teilen, sobald es etwas enger wird im Kasten. Das bringt dem Imker Ruhe und führt zu höherem Honigertrag.

Kleine Kulturgeschichte der Honigbienenhaltung

Erste überlieferte Felsenmalereien, die von schmerzhaften Erfahrungen unserer nomadischen Vorfahren mit Honigbienen erzählen, stammen aus den Jahren zwischen 10000 bis 7000 vor Christus. Die erste bildhafte Darstellung der Bienenhaltung ist eine Wandmalerei, die etwa im Jahr 5000 vor Christus in Çatal Hüyük, einem Heiligtum im anatolischen Hochland, entstand. Vielleicht wurde hier die Bienenhaltung am Haus zum ersten Mal entwickelt. Von hier aus verbreitete sich die Idee der systematischen Bienenhaltung dann durch Handelsbeziehungen in die frühen Hochkulturen Ägyptens und des Zweistromlandes. Die Voraussetzung für die Honigbienenhaltung am Haus und später deren Zucht war das Sesshaftwerden der Menschen.

Früheste Nachweise von Klotzbeuten stammen aus einer Pfahlbausiedlung um 3380 vor Christus. In einer Klotzbeute aus Berlin-Lichterfelde um 1080 vor Christus konnte schon ein für damalige Verhältnisse moderner, zweigeteilter Innenraum nachgewiesen werden. An einem eingesetzten Rost aus Zweigen im oberen Drittel der Beute konnte das Bienenvolk die Brutwaben und darüber am Deckel die Honigwaben anbauen. Die Betriebsweise mit Klotzbeuten und Klotzstülpern verbreitete sich besonders in waldreichen Regionen, wohingegen sich in waldärmeren Gebieten eher Rutenstülper oder geflochtene Strohkörbe, wie in der Heideimkerei, durchsetzten.

Die Ägypter waren wild auf Honig

Kurz nachdem im Jahr 3000 vor Christus das ägyptische Reich gegründet wurde, wurde die Imkerei und vor allem die Wanderimkerei systematisch und wissenschaftlich betrieben. Viele Bienenvölker wurden von Unterägypten auf Schiffen nach Oberägypten transportiert, um hier durch Bestäubung die Erträge der Landwirtschaft zu steigern. Diese Nützlichkeit war also schon den Ägyptern bekannt und von ihnen geschätzt. Die Wanderimkerei wird auch heute noch in Ägypten intensiv betrieben.

Bei Ausgrabungen von Königsgräbern wurde Honig oft als Grabbeigabe gefunden. Er wurde damals als Heil- und Nahrungsmittel verwendet. Honig galt als „Speise der Götter“ und als Quelle der Unsterblichkeit: Ein Topf Honig wurde mit dem Wert eines Esels aufgewogen. Bei Ramses II. bestand der Sold für hohe Beamte zum Teil aus Honig. Der ägyptische Honigbedarf, der sich neben der Verwendung bei Götteropfern und in der Nahrungsherstellung auch auf weite Bereiche der Medizin erstreckte, konnte selbst durch gezielte Maßnahmen (Wanderimkerei) durch den eigenen Markt nicht gedeckt werden. Man führte deshalb den Honig aus dem Ausland ein, besonders aus Syrien, Mesopotamien und Kanaan, von dem es wohl nicht umsonst damals hieß, es sei das Land, in dem Milch und Honig fließen.

Griechen und Römer achteten die Bienen

Die Griechen der Antike betrachteten die Honigbienen als Boten der Götter. Der griechische Göttervater Zeus hatte den Beinamen „Bienenkönig". Die Griechen waren die ersten, die sich theoretisch mit dem Wesen der Honigbiene, der Staatenbildung und der Honiggewinnung auseinandersetzten. Bereits um 600 vor Christus gab es in Griechenland eine voll entwickelte und gesetzlich geregelte Imkerei. Aristoteles (384 bis 322 vor Christus) verfasste das erste Fachbuch über Bienenzucht.

Bei den Römern zählte Bienenhaltung zur Allgemeinbildung. Sie bauten Körbe mit Sichtfenstern, um das Verhalten der Honigbienen besser studieren zu können.

Die Germanen, der Met und die Zeidlerei

Bei den Germanen galten Honigbienen als besonders reine Wesen. Die Wirkung des desinfizierenden Propolis verschaffte ihnen diese Anerkennung. In ihrer Gegenwart durfte nicht gestritten werden. Die Germanen sind die Erfinder des Met, eines aus Honig und Wein gekochten Suds, den sie gären ließen. Dieses alkoholische Getränk fehlte auf keinem germanischen Fest. Karl der Große bestimmte übrigens im Rahmen eines offiziellen Erlasses, dass jeder Gutshof einen Imker und einen Metbauern beschäftigen musste. Vom 10. bis zum 19. Jahrhundert wurde der Honig aus der sogenannten Waldbienenwirtschaft gewonnen und stellte die einzige Quelle für Süßstoff dar. Entsprechend hoch geschätzt waren die Menschen, die mit den damals noch recht stechfreudigen Honiglieferanten umgehen

Nach harter Arbeit oben im Baum: Honigsammler in Kamerun erfreuen sich an den frisch geernteten Honigwaben.

konnten. Standorte der Zeidlerei waren im Mittelalter Gebiete im Fichtelgebirge und im Nürnberger Reichswald. In Bayern etwa ist eine Waldbienenhaltung bereits für das Jahr 959 in der Gegend von Grabenstätt nachgewiesen. Aber auch auf dem Gebiet des heutigen Berlin hatte es ausgedehnte Zeidlerei gegeben, insbesondere im damals noch sehr viel größeren Grunewald.

Im 14. Jahrhundert gründeten sich die ersten Imkerzünfte. Die Berufsimkerei entwickelte sich in der Lüneburger Heide im 16. Jahrhundert. Als im Jahr 1850 die Zuckerrübe als preiswertes Süßungsmittel auf den Markt kam, wurde die doch sehr aufwendige Zeidlerei unattraktiv. Die Imkerei entwickelte sich in den folgenden 150 Jahren rasant und optimierte das Halten der Bienen am Haus. Es wurden Bienenbehausungen (Beuten) erfunden, die es erlaubten, die Bienen auf Rähmchen mit einzelnen Waben heranzuziehen und mit ihnen zu arbeiten. Die Effizienzsteigerung begann.

Was bringt die Zukunft?

Die Menschen sind sehr erfindungsreich, wenn es darum geht, sich die Natur zunutze zu machen. Dieser Erfindungsreichtum macht auch vor den Honigbienen nicht halt, und so wird das Wesen und Verhalten der Bienen ständig weiter durch Zucht manipuliert. Schauen wir über unseren Tellerrand in Richtung Amerika und Asien, sehen wir, wohin die Ausbeutung der Honigbienen führen kann. Es sollte uns kein Vorbild, sondern eine Warnung sein.

Der Wunsch des Menschen nach sanften, ertragreichen Bienen

In vielen Gegenden Mitteleuropas etablierten sich im zwanzigsten Jahrhundert Bienenzuchtvereine, die versuchten, möglichst sanftmütige und effiziente Honigbienen zu züchten. Zwei Vorreiter der Bienenzucht sind Bruder Adam, der die Buckfast-Biene hervorbrachte, und Guido Sklenar mit seinem berühmten 47-*Carnica*-Stamm. Die euphorische Beschreibung des Nebenerwerbsimkers Magnus Menges macht deutlich, worauf es den meisten Imkern früher wie heute ankommt: „Bei der Buckfast-Biene handelt es sich um ein kleines Wunder, geschaffen von Bruder Adam. Sie dominiert durch Fruchtbarkeit, Sammeleifer, Krankheitsfestigkeit, Schwarmträgheit, Sanftmut und Wabenstetigkeit."

Da Bienen nun mal fliegen können, paaren sich die Königinnen in der Regel nicht kontrolliert auf einer Weide mit den für sie vorgesehenen Drohnen. Kein Wunder, dass sich die Bienen der professionellen Zuchtbetriebe nach ihrem Verkauf an Imker mit Honigbienen anderer Rassen bzw. Unterarten paarten. So gibt es heute eine Vielzahl von Bienenpopulationen, die keine eindeutigen Rassekennzeichen mehr haben.

Unkontrollierte Zucht birgt Gefahren

Würde ein Imker seine Honigbienen mit der afrikanisierten, sogenannten „Killerbiene" aus Südamerika kreuzen, weil er glaubt, mit der robusten Rasse die Anfälligkeit seiner Bienen gegenüber der Varroamilbe in den Griff zu bekommen, riskierte er damit auch ihre Einkreuzung in fremde Bienenvölker bzw. -rassen. Auch wenn heute viele Imker von „ihrer *Carnica*" sprechen, diese Rasse ist heute oft vermischt mit anderen Unterarten aus anderen Teilen Europas. Die Charaktereigenschaften eines Biens können sich dadurch verändern, ohne dass man Rückschlüsse ziehen kann, woher diese Charaktereigenschaft stammt.

So beobachtete z. B. in England im Jahr 2011 ein Imker, dass die Honigbienen in einem seiner Völker sich sehr viel häufiger kratzten als die Bienen in anderen Völkern in seiner Obhut. Die Bienen mit starkem Putztrieb waren von weitaus weniger Varroamilben befallen als die Bienen der anderen Völker. Doch ob es klug wäre, diese Bienen weiter zu vermehren, weiß bisher niemand. Generell wäre wichtig zu prüfen, ob manch lieb gewonnene Zuchteigenschaft auf lange Sicht negative Auswirkungen auf die Honigbienenpopulation hat.

SmartBees – Die Zucht „intelligenter Bienen"?

Wir Menschen erkennen ja oft erst ziemlich spät, welche Auswirkung unser Handeln auf die Umwelt hat. Aus Forscherdrang und auf der Suche nach imkerfreundlichen Bienen tauschten Imker und Wissenschaftler schon vor Jahrzehnten ihre Bienenvölker und -königinnen weltweit und untersuchten ihre Merkmale. Im Jahr 1977 war die Überraschung groß, als beim Bieneninstitut Oberursel unbekannte Varroamilben auf unserer Mitteleuropäischen Biene auftauchten. Nach und nach wurde klar, dass diese Milbe von der Asiatischen Honigbiene *(Apis cerana)* stammt und unterschiedliche Viren überträgt. Während die Asiatin an ihren Parasiten angepasst war, hatte unsere Mitteleuropäische Honigbiene *(A. mellifera)* wegen der schnellen Ausbreitung der Milbe keine Chance, Resistenzen zu bilden, und leidet unter den unterschiedlichen Krankheitsbildern. Die asiatische Bienenart entpuppte sich übrigens als nicht sonderlich ertragreich und wurde in ihrer Heimat inzwischen durch unsere imkerfreundliche *A. mellifera* verdrängt.

Varroaresistente Bienen?

Bienenforscher möchten nun den Schaden, der durch die eingeschleppte Varroamilbe entstand, beseitigen. Sie sind dabei, die europäische Biene züchterisch so zu manipulieren, dass ihr die leidige Milbe nichts mehr anhaben kann.

Das Megaprojekt „SmartBees" ist ein Gemeinschaftsvorhaben von 16 Partnern aus Universitäten, Forschungsinstituten und Firmen aus verschiedenen europäischen Ländern (www.smartbees-fp7.eu). Seit dem Jahr 2015 erarbeitet das Konsortium Wege, wie Völkerverluste durch die Varroamilbe bzw. die von ihnen übertragenen Viren verringert werden können. Auch die Verdrängung lokaler Bienenrassen und Ökotypen durch importierte, ausländische Honigbienen soll eingedämmt werden.

„Der zunehmende Befall durch Parasiten und der sich beschleunigende Verlust der Honigbienen-Biodiversität haben die globale Imkerei in eine Krise gestürzt" beschreibt das Forscherteam die Notwendigkeit für ihr groß angelegtes Forschungsprojekt. Die in „SmartBees" vereinigten Experten verfügten über die nötigen Qualifikationen, um die Zukunftsaussichten der europäischen Imkerei aufzuhellen. Das Team besteht aus Genetikern, Molekularbiologen, Parasitologen, Virologen, Immunologen, Kommunikationswissenschaftlern, Mathematikern und Bienenspezialisten. Projektkoordinator ist das Länderinstitut für Bienenkunde Hohen Neuendorf e.V., das nördlich von Berlin angesiedelt ist.

„SmartBees" baut dabei sowohl auf die Verbreitung bekannter Methoden der Varroamilbenbekämpfung (Ameisensäure, Oxalsäure etc.) als auch auf die Entwicklung neuer (Zucht-?) Konzepte. Dabei wollen die Forscher die entscheidenden Faktoren, die zu einer varroaresistenten Honigbiene führen, erforschen. „Unsere Arbeit könnte einen Durchbruch beim Verständnis und der Charakterisierung des genetischen Hintergrundes dieser Faktoren bewirken." hoffen die Forscher. Dieses Wissen soll dazu genutzt werden, um die optimale Zuchtstrategie zur Erhöhung der Häufigkeit dieser wertvollen Merkmale in lokalen Bienenpopulationen zu ermitteln.

Mit der Königinnenzucht fängt die Auslese und auch die Diskussion an: Entscheiden der Imker oder die Bienen über ihre Königin?

Dabei sollen die örtlich verschiedenen Bedürfnisse und Praktiken der Imker und die unterschiedlichen Strukturen der betreffenden Honigbienenpopulationen berücksichtigt werden.

Wann ist ein Tier wertvoll?

Schaut man sich in der Welt der Nutztierzucht oder Saatgutzucht um, fällt es schwer zu erkennen, dass vermeintlich „wertvolle Merkmale" von Tieren oder Pflanzen auch nachhaltig wertvoll waren. Zumindest bescheren diese Merkmale den Tieren selten ein gutes Leben oder bewahren Pflanzen nachhaltig vor Schädlingen. Eher das Gegenteil ist zu beobachten, nämlich schwache Kreaturen, die mithilfe von Antibiotika und Kraftfutter, Pestiziden und Dünger irgendwie am Leben gehalten werden.

Deshalb ist die Rückbesinnung auf alte Haustierrassen, auf Urobst und altes Kräuterwissen, heute sinvoller denn je. Vermutlich freuen wir uns später einmal darüber, dass Organisationen wie die Gesellschaft zur Erhaltung alter und gefährdeter Haustierrassen e. V. Tiere bewahrt haben, deren robuste Gene in hochgezüchtete Tiere eingekreuzt werden können. Alte Nutztierrassen überzeugen nämlich vor allem durch ihre gute Konstitution, Widerstandsfähigkeit gegenüber Krankheiten und damit Langlebigkeit, aber auch durch ihre Genügsamkeit und Fruchtbarkeit.

Generell könnte jedoch weniger Fleischkonsum viele Probleme auf dieser Erde in Luft auflösen. Entsprechend könnte auch die Honigfrage gestellt werden: Wie erstrebenswert ist es eigentlich, dass wir Deutsche die Weltmeister im Honigkonsum sind? Müssen wir 1,1 Kilogramm pro Kopf und Jahr genießen und deshalb ertragreiche Rassen züchten und trotzdem noch 80 % Honig aus fremden Ländern importieren? Auch hier könnte gelten: Weniger ist mehr. Lieber Klasse statt Masse. Wobei wir wieder bei der Frage wären: Wann ist ein Tier wertvoll?

Honigbienen-Vielfalt ist gefährdet

Die Bienenzucht konzentriert sich derzeit auf einige wenige Rassen. Das gefährdet die genetische Vielfalt. Um dem entgegenzuwirken, unterstützt das Projekt „SmartBees" (s.o.) lokale Zuchtinitiativen zur Bewahrung anpassungsfähiger und stressresistenter Bienenpopulationen. Die Entwicklung von molekularbiologischen Methoden soll helfen, solche Populationen zu beschreiben und für die weitere Zucht auszuwählen. Um die Erhaltung gefährdeter Bienenrassen zu erreichen, stützt sich „SmartBees" auf ein Netzwerk lokal tätiger Züchter, Imker und Fachleute, die zum Teil vertraglich für das Projekt tätig werden.

Dazu gehören verschiedene Test-Bienenstände, auf denen die Honigbienen auf ihre Leistung hin geprüft und ihre Merkmale einer Varroaresistenz untersucht werden. Die Untersuchungen werden überwiegend von örtlich ansässigen Imkern geleistet. Ihre Erfahrungen in Forschung und Praxis sollen sie dann möglichst an andere Imker weitergeben und damit auch die Akzeptanz der generellen Projektidee erhöhen. „SmartBees" möchte zukünftige Bedrohungen der Honigbienenvielfalt und Imkerei rechtzeitig erkennen. Daher arbeitet auch das gegenwärtige europäische Referenzlabor für Bienengesundheit im Projekt mit.

Die Zukunft wird zeigen, ob der Wunsch der „SmartBees"-Forscher in Erfüllung geht: die Gesundheit, Anpassungsfähigkeit und genetische Vielfalt unserer europäischen Honigbienen nachhaltig zu schützen und zu verbessern.

Hoffentlich treibt man den Teufel nicht mit dem Belzebub aus.

Wiederbesinnung auf unsere heimische Dunkle Honigbiene

Die Dunkle Biene (*Apis mellifera mellifera*) hatte bis in die 1850er Jahre ihren natürlichen Verbreitungsraum von den Pyrenäen bis zum Ural und von der Alpennordseite

Sanftmütige, wabenstete Bienen zu erleben und ihren Honig direkt aus der Wabe zu naschen, macht natürlich Spaß. Ob diese Zuchtmerkmale sie anfälliger für Räuber und Parasiten machen, muss noch erforscht werden.

Die Dunkle Honigbiene: flugstark, langlebig und schon im Jahr 2004 zur „bedrohten Nutztierart des Jahres" erklärt. Viele Imker hegen Vorurteile gegenüber der „Dunklen", scheuen den Kontakt.

bis Südskandinavien. Sie war somit auch in Deutschland die einzige natürlich vorkommende Bienenrasse. Die meisten deutschen Berufsimker und auch fast alle Hobbyimker befanden jedoch schon vor Jahrzehnten, diese Bienenart sei stechfreudig und zu ertragsarm. Diese Meinung ist heute noch sehr stark verbreitet. Sie ersetzten diese heimische Unterart zunächst durch die sammelfreudigere Ligurica-Rasse aus Ligurien und später durch die sanftmütige Carnica-Rasse aus Kärnten.

Es verblieben nur einzelne Völker in der Obhut von Imkern, die ihre „Nordbiene", wie sie auch genannt wird, wegen ihrer Sanftmut, dem vorsichtigen, „flachen" Brutrhythmus, ihrem kompakten Brutnest, der guten Fluglochverteidigung und dem sparsamen Umgang mit Vorräten, verbunden mit einer überaus guten Winterhärte, sehr schätzen. Seit einigen Jahren werden die Stimmen derjenigen Menschen lauter, die unsere einheimische Dunkle Honigbiene vor dem Aussterben bewahren wollen. „Schützen durch Nutzen" könnte ihr Leitspruch sein. In vielen Ländern Europas haben sich Imker, Züchter und Artenschützer zusammengefunden und tauschen sich in der SICAMM aus, dem internationalen Dachverband zum Schutz der Dunklen Biene. Auch die Gesellschaft zur Erhaltung alter und gefährdeter Haustierrassen e. V. fördert seit einigen Jahren unsere einzige heimische Honigbiene. Im Jahre 2013 wurde außerdem der „Zuchtverband Dunkle Biene Deutschland e. V." gegründet, in welchem sich bisher nur lose im Austausch begriffene Interessensgemeinschaften bündeln.

USA: Bienensklaven in Monokulturen

So wie die meisten unserer Landwirte ihre Milchkühe und Zuchtsauen zu Höchstleistungen bringen, haben wir unser drittwichtigstes Nutztier, die Honigbiene, so gezüchtet und ihre Behausung so weit optimiert, dass statt ursprünglich fünf Kilogramm Honig mittlerweile jährlich bis zu 80 Kilogramm aus einem Volk „herausgeschlagen werden“. Diese Haltung gegenüber Honigbienen findet man in Deutschland und Europa Gott sei Dank nur selten. Möge es so bleiben!

In den USA hingegen grassiert zunehmend eine Monopolisierung unter den Berufsimkern. Wenige Personen perfektionieren (man könnte auch sagen pervertieren) die Wanderimkerschaft und ziehen von einer Monokultur zur nächsten, um für die Bestäubungsleistung ihrer Honigbienen vom Landwirt viel Geld zu erhalten. Der Bien wird als „Ersatzteillager“ betrachtet, aus dem sie nach Belieben Brut, Arbeiterinnen und Königinnen entnehmen bzw. zusammensetzen lassen. Diese ungesunde und gegen die Natur der Honigbienen agierende Haltungsmethode führt vor allem in den USA zum Bienensterben in erschreckendem Ausmaß. Der berühmt gewordene Dokumentarfilm „More than Honey“ des Regisseurs Markus Imhoof aus dem Jahr 2013 warnt eindringlich und anschaulich vor den Auswüchsen dieser Art. „We lost our soul!“, so die selbstkritische Aussage des Imker-Protagonisten im Film.

China tickt anders: Pestizide, Billighonig und Bestäubung

In China raffte in den 1980er Jahren der THAI-Virus (TSBV) viele heimische Honigbienenvölker hinweg und schwächte den

Landwirte in USA zahlen viel für Bestäubung. Berufsimker folgen ihrem Ruf mit Zig-Tausend Bienenvölkern Zig-Tausend Kilometer. Wahnsinn!

Rassen der Westlichen Honigbiene *(Apis mellifera)*

Die Dunkle Europäische Biene (*Apis mellifera mellifera* Linnaeus, 1758), von den Imkern auch einfach „Dunkle Biene“ genannt, ist unsere einzige heimische Biene in Deutschland und vom Aussterben bedroht. In Imkerkreisen hat sie nur wenige Liebhaber, diese aber lassen nichts auf diese Biene kommen und versuchen, diese Unterart zu erhalten. Ihr wird eine geringere Sanftmütigkeit nachgesagt, allerdings meist von den Imkern, die kaum mit ihr zu tun haben. Wer weiß, ob wir die ursprünglichen Gene nicht einmal benötigen werden, falls sich die angezüchteten Eigenschaften der anderen Rassen langfristig doch nicht als förderlich erweisen.

Honigbienenrassen mit weltweiter Bedeutung in der Imkerei

» Iberische Biene (*Apis mellifera iberica* Goetze, 1964), auch Spanische Biene genannt.
» Kärntner Biene (*Apis mellifera carnica* Pollmann, 1879), auch Krainer Biene und von den meisten Imkern auch einfach Carnica genannt.
» Italienische Biene (*Apis mellifera ligustica* M. M. Spinola, 1806), auch Italiener Biene und von den Imkern auch einfach Ligustica genannt – sie ist die weltweit in der Imkerei am häufigsten gehaltene Honigbiene, z. B. in Nordamerika.

Durch Kreuzung entstandene (Hybrid-)Bienen

» Buckfast-Biene: Zuchthybrid aus verschiedenen Bienenrassen der Welt. Die Buckfast-(Hybrid-)Zucht begann im Jahr 1916.
» Afrikanisierte Honigbiene (als Killerbiene bekannt): Spektakuläre und ursprünglich ungewollte Kreuzung (Hybride) von in Südamerika gehaltenen europäischen Rassen und der Ostafrikanischen Hochlandbiene.
» Elgonbiene: In Schweden entstandene (Hybrid-)Form aus der Ostafrikanischen Bergbiene und der Buckfast-Biene.

Rest des Bestandes. Die gesundheitsbewussten Chinesen mochten auf einen großen Honigertrag und Gelée Royale aber nicht verzichten, und so importierten viele Imker die für ihre Sanftmut und Effizienz bekannte Italienische Honigbiene.

Ein Heer privater Kleinbauern Die chinesische Bevölkerung wächst stetig, und so kümmert sich ein Heer an Familien um die Bestäubung der riesigen Obstplantagen, die Birnen, Äpfel, Kirschen oder Trauben für die vielen Großstädte Chinas produzieren. Im Gegensatz zu den USA, wo viele landwirtschaftliche Großbetriebe inzwischen von Konzernen geführt werden, liegen Landwirtschaft und Imkerei in China noch maßgeblich in Familienhand. Auch wenn die ganze Landstriche umfassenden Plantagen von Birnen, Äpfeln, Litschis, Trauben und riesige Flächen mit Schnittblumen oder Sonnenblumen so wirken, als seien sie zentral bewirtschaftet, ist dem nicht so. Tausende kleiner Familienbetriebe kümmern sich um Pflege und Ernte von Obst und Gemüse. Jeder hat so viele Bäume, wie er pflegen kann. Die Läden der Städte nehmen ihnen auch kleine Mengen an Obst ab. Den Familien reichen wenige Euro täglich zum Leben. Ein Flickenteppich also, von individuell betreuten, in privatem Besitz befindlichen Obstbäumen! Bei uns hätten Bauern, die nur unregelmäßig und kleine Mengen an landwirtschaftlichen Produkten liefern können, keine Chance bei unseren Lebensmittelketten.

Landstriche ohne Bienen werden handbestäubt Das Problem des dezentral gesteuerten Pestizideinsatzes für die örtlichen Imker liegt auf der Hand: Über die ganze Saison wird mal hier mal dort Pflanzenschutzmittel ausgebracht. Sichtet ein Obstbauer zum Beispiel gerade den gefürchteten Birnenfloh, wird die Feldspritze gezückt. Seit den 1980er Jahren mieden die ebenfalls als Familienbetriebe organisierten Wanderimker die so mit Pestiziden verseuchten Landstriche komplett. Von irgendeiner Giftspritze wurden ihre Honigbienen mit Sicherheit erwischt. In der Konsequenz wurden ganze Landstriche bienenfrei. Die chinesischen Obstbauern behalfen sich notgedrungen und bestäuben seither mit Pinseln, Federn oder anderen Utensilien die Blüten ihrer Birnen und Äpfel einfach selbst. Das tun sie nun seit mehr als 20 Jahren. Es mag in diesen kleinen Organisationseinheiten möglich sein, die Bienen zu ersetzen. Bei unseren Gehaltsvorstellungen undenkbar. Inzwischen versucht die Regierung in China, die Pestizideinsätze zentral abzustimmen und zu organisieren.

Allerdings kann es uns auf Dauer nicht genug sein, ausschließlich auf die Erträge unserer eigenen Nahrungsmittel zu schielen. Wo ein starker Pestizideinsatz herrscht, verschwinden auch viele andere wichtige Insekten und mit ihnen Vögel, Amphibien und viele andere Tiere. Sie alle werden von uns nicht ersetzt. Die vielen Wanderimker Chinas indes sind genügsam, finden auf ihren achtmonatigen Reisen quer durchs Land immer wieder neue Blühflächen für ihre 100 bis 200 Bienenvölker und sind zufrieden, wenn sie ihren Honig für 80 Cent pro Kilogramm den Lebensmittelläden der Städte überlassen können.

In China gibt es schon Regionen, wo nicht die Bienen, sondern die Obstbauern selbst die Bestäubung übernehmen.

Billighonig auf dem Weltmarkt Die Arbeitsbedingungen der chinesischen Wanderimker sind einfach, es gibt nicht einmal fließendes Wasser. Hygienische Verhältnisse sehen anders aus, und Krankheiten der Honigbienen werden von reisenden Veterinären behandelt. Trotzdem schafften es die Chinesen, ihre Honigproduktion in den letzten 15 Jahren um 40 Prozent zu steigern. Die 600.000 Imker mit ihren sieben Millionen Bienenvölkern produzieren inzwischen fast 20 Prozent des Weltmarkthonigs. Im Jahr 2002 wurde die Einfuhr des China-Honigs nach Europa kurzfristig verboten, weil er das Antibiotikum Chloramphenicol enthielt. Um diesen Einfuhrstopp durchzusetzen, brauchte die Europäische Union sieben Jahre. Nur zwei Jahre später wurde das Verbot aufgehoben. Es ist den Lebensmittelkontrolleuren durchaus bekannt, dass chinesische, aber auch andere Marktteilnehmer ihre Kontrollen dadurch erschweren, dass sie den Honig vor Einfuhr durch einen ultrafeinen Filter pressen. Damit entfernen sie den gesamten Pollen aus dem Honig und verwischen damit den Fingerabdruck ihres Produktes. Diese unidentifizierbaren Honige mischen sie mit Honigen aus anderen Ländern, die frei von Belastungen sind und deren Herkunft bei den Lebensmittelkontrolleuren nicht auf Skepsis stößt. So manch importierten Honig müsste man eigentlich in Sirup umetikettieren. Bei uns im Regal steht er aber unter dem Label: „Honig aus EG- und Nicht-EG-Ländern". Warum erlaubt die EU-Kommission, dass die Importeure unserer großen Handelsketten für nur 1,70 Euro pro Kilogramm diese fragwürdigen Produkte einkaufen und ins Regal stellen dürfen?

Wabenhonig ist eine echte Delikatesse! Einige Naturwaben-Imker schneiden die Honigwaben, statt sie zu schleudern.

Gelée Royale – köstlicher Saft, aber ...

Überall auf der Welt erfreut sich ein ganz besonderes Bienenprodukt steigender Beliebtheit: das sogenannte Königinnenfutter Gelée Royale. Der Stoff wird gepriesen, weil nur er es ist, der aus einer Arbeiterinnenlarve eine Königin macht, wenn sie damit gefüttert wird. Gesundheitsbewusste Menschen öffnen ihr Portemonnaie weit in der Hoffnung auf die Stärkung des eigenen Immunsystems. So weit, so gut. Wäre da nicht die Produktionsweise, wie sie vor allem in China betrieben wird. Hier steht die weltweit größte Fabrik für Bienenprodukte: Sie macht 70 Prozent der weltweiten Gelée-Royale-Produktion und 20 Prozent der weltweiten Honigproduktion aus (Quelle: Buch „More than Honey", S. 137).

Hier fließt Gelée Royale in Strömen – aber nur, weil in diesen Industrieanlagen jeder Bienenstock bis zu 70 (!) Königinnen beherbergt. Wie kann das sein? Damit die Königinnen sich nicht gegenseitig umbringen, wie normalerweise üblich, wenn sie aufeinander treffen, schneidet man ihnen einfach eine ihrer beiden Mandibel ab. So können sie sich nicht festhalten und „tolerieren" sich. In nur einem Stock werden so bis zu 140.000 Eier täglich gelegt. Die Arbeiterinnen haben nun viel zu tun und füttern die Millionen Larven mit Gelée Royale. So sind sie programmiert, die Arbeiterinnen. Nun wird der Saft mit einer bestimmten Technik entnommen. Und kommt uns zugute. Es gibt unterschiedliche Techniken, jedoch wird die Gewinnung des Saftes von vielen Imkern abgelehnt, weil das Volk dabei in höchstem Maße gestresst wird. Der Großteil des bei uns angebotenen Gelée Royal stammt aus China.

Hoffnung bleibt ...

Eines ist klar geworden: Wir müssen und wollen die Tatsache ernst nehmen, dass Wild- und Honigbienen zunehmend bedroht sind. Aber es ist noch keineswegs zu spät. Sie haben in diesem Buch schon viele Beispiele kennengelernt, wie jeder etwas zum Schutz dieser Insekten beitragen kann. Blinder Aktionismus wäre fehl am Platze. Wohlüberlegte und nachhaltige Maßnahmen sind gefragt, bei denen möglichst viele Menschen mitwirken.

Mit der Stadtimkerei zu mehr Naturverständnis

Seit Beginn der Imkerei sind es vor allem Menschen in ländlichen Gegenden, die Honigbienen halten. Die kleinteilige, bäuerliche Landwirtschaft war ein Dorado für Honigbienen: Gemüsegärten, Streuobstwiesen, Felder, Äcker mit Mohn und Kornblume, Raine und Hecken erstreckten sich über ganze Landstriche. Da es in diesen gesunden Kulturlandschaften normal war, gesunde Bienen zu haben, konnten Imker sich darauf konzentrieren, den Honigertrag zu steigern. Die Dorfbewohner kauften Bienenprodukte bei ihrem Imker um die Ecke ein – nicht im Laden. Doch mehr und mehr sehen wir, dass die Imkerei in die Städte wandert. Ein guter Trend?

Gehören Bienen nicht auf's Land?

Ja. Eindeutig. Die Landwirtschaft braucht die Bestäuber, um eine gute Ernte einfahren zu können. Dort fanden Bienen bis vor kurzem auch reichlich Nahrung (siehe Seite 18). Aber: Stadt und Land haben sich in den letzten Jahrzehnten fast gegenläufig verändert. Lebensräume für Honig- und Wildbienen sowie für viele andere Tierarten werden auf dem Land immer unattraktiver. Viele heimische Biobauern geben auf, weil sie gegen billigere EU-Bio-Importe preislich nicht konkurrieren können. Wenn Honigbienen von ihren Wanderimkern von einer zur nächsten Monokultur gebracht werden, überleben sie. Werden sie inmitten von Rapsfeldern nach deren Blüte nicht umgesetzt, verhungern sie.

Viele Städte hingegen sind durch ihre mosaikartige Struktur von Parks, Gärten, Wäldern und angrenzenden Ackerschlägen attraktiv geworden. Vielleicht hilft der Erkenntnisgewinn der Städter ja, die Landwirtschaft wieder bienenfreundlicher zu gestalten.

Stadtmenschen entdecken die Bienen – echtes Interesse oder Modetrend?

Aufgeschreckt durch die Berichte über das weltweite Bienensterben und angeregt durch moderne Initiativen, zu denen auch *Deutschland summt!* zählt, erwächst bei vielen Menschen der Wunsch, Honigbienen zu halten. Der oft zitierte Spruch „Wenn

Städtische Natur braucht Bestäuber – das ist nicht nur die Honigbiene.

die Biene stirbt, stirbt vier Jahre später der Mensch“ mobilisiert auch Menschen, die nicht schon jahrelang in Naturschutzvereinen engagiert waren. Auffällig ist, dass zunehmend Menschen zwischen 20 und 40 Jahren mit akademischem Hintergrund in der Honigbiene das Schlüsselwesen erkennen, das zur Vielfalt der Natur und unserer Nahrungsmittel beiträgt. „Ich will etwas für den Arten- und Naturschutz tun, und die Honigbienen spielen als Bestäuber eine wichtige Rolle“, hört man immer öfter. Dass die Imkerei per se noch lange keinen Naturschutz bedeutet, haben wir bereits ausgeführt. Tatsächlich scheint seit einigen Jahren die Motivation, sich mit Bienen zu beschäftigen oder Honigbienen zu halten, nicht mehr vorrangig das Honigmachen zu sein, sondern entspringt der Motivation, etwas für die Lebewesen in unserer Umgebung zu tun.

Das ist eine positive Entwicklung, die man nutzen sollte – auf allen Ebenen. Wie schön wäre es, wenn aus einem Modetrend ein nachhaltiges Verständnis für mehr Naturschutz entspringen würde?!

Zeidler-Kurse präsentieren das Imkerhandwerk unserer Vorfahren – und sind stets ausgebucht.

Die Initiative
Deutschlandsummt!

Die Biene als Botschafterin

Seit Ende 2010 gibt es die Initiative „Deutschland summt! Wir tun was für Bienen“. Inspiration, Information und Mobilisierung stehen im Mittelpunkt unserer Bemühungen. Wir erzählen Ihnen im Folgenden ein bisschen davon, wie wir die gesteckten Ziele zu erreichen versuchen und wollen Sie natürlich auch für unsere Arbeit interessieren. Vielleicht summen auch Sie bald mit?

Biene ade? Kommt nicht infrage!

Das Bienensterben birgt, das wissen wir heute, mehr als viele andere Artenverluste in der Vergangenheit die Chance, Menschen die gegenseitige Abhängigkeit aller Lebewesen nahe zu bringen. Wir sind mit der Honigbiene historisch gesehen schon so lange verbunden, dass uns ihre missliche Lage tief berührt. Meldungen über den Rückgang diverser anderer Tierarten wurden zuvor oft gar nicht wahrgenommen oder vielleicht einfach weggedrückt.

Jetzt aber geht ein Angstgespenst um: Wie viel Wahrheit beinhaltet der oft zitierte, fälschlicherweise Einstein zugerechnete Satz „Stirbt die Biene, stirbt vier Jahre später der Mensch“? Wie können wir möglichst vielen Menschen veranschaulichen, warum wir alle die Vielfalt an Arten und Ökosystemen dringend brauchen? Wie können wir sie inspirieren und mobilisieren, selbst aktiv zu werden? Diese Frage beschäftigt uns seit vielen Jahren.

Biodiversität – was ist das?

Worte und Konzepte wie „Erhaltung der Biodiversität“ werden von den meisten Menschen als zu komplex und theoretisch empfunden. „Ja, und wo kann ich jetzt konkret anfangen, diese Biodiversität zu erhalten?“ Solche und ähnliche Rückfragen haben wir im Laufe der vergangenen gut zwanzig Berufsjahre im Naturschutz oft gehört. Wir leben in einer von den Medien beeinflussten Gesellschaft. Im Jahr 2006 organisierten wir deshalb einen Workshop mit Chefredakteuren aus Print, Radio und Fernsehen sowie leitenden Wissenschaftlern aus dem Bereich Biodiversität.

Die anwesenden Journalisten waren sich auch nach intensivem Dialog einig: Das Wort „Biodiversität“ ist unseren Zuschauern und Lesern nicht vermittelbar. Ginge es nicht einfacher, konkreter? Emotional aufgeladene Geschichten kämen immer gut bei der Bevölkerung an!

Dass schon im Jahr 1992 die weltweite Strategie zur biologischen Vielfalt von mehr als 190 Staaten unterzeichnet wurde und seit dem Jahr 2007 endlich auch die deutsche Strategie auf dem Tisch liegt, interessierte die Medien bisher wenig. Wo liegt die Relevanz von biologischer Vielfalt? Es fehlte die anschauliche Aufbereitung in den Medien. Kaum jemandem war klar, dass und warum der Verlust von Lebensräumen und das damit einhergehende Artensterben jeden einzelnen von uns betrifft.

Mit unserer Stiftung entschieden wir uns, die Biene – jeder kennt sie und die meisten verknüpfen Positives mit ihr – in den Mittelpunkt unserer Bemühungen zu stellen, um eine höhere Wertschätzung gegenüber biologischer Vielfalt zu erreichen. Vor allem die Stadtmenschen möchten wir mit vielfältigen Aktionen anregen, mehr Natur in der Stadt wahrzunehmen und zu fördern. Gleichzeitig ist uns die Revitalisierung der Stadt-Land-Beziehung sehr wichtig.

Warum ist es sinnvoll, Städter zu aktivieren?

Sind Bienen nicht gerade auf dem Land gefährdet? Stimmt. Und als Bestäuber unserer Obst- und Gemüsekulturen sind sie dort einfach unersetzlich. Es muss ihnen dringend geholfen werden. Wer aber hat bedeutenden Einfluss auf das, was auf dem Land geschieht? Genau, die Städter! Sie verbrauchen die Früchte der Felder und Äcker in großem Stil. Seit dem Jahr 2011 leben mehr Menschen weltweit in Städten als auf dem Land. Tendenz steigend. Politiker und Wirtschaftsunternehmen, Nichtregierungsorganisationen, Kultureinrichtungen und wissenschaftliche Institute sind eher in der Stadt als auf dem Land aktiv.

Und alle wirken direkt oder indirekt darauf ein, ob unsere Land(wirt)schaft bienenfreundlich ist oder nicht. Auch als Privatpersonen entscheiden wir über die Pflanzen in unseren Gärten, über das Bio-Gemüse auf unserem Teller oder die Entfernungen, die wir mit dem Fahrrad zurücklegen. Wer-

Die beiden Initiatoren von Deutschland summt!: *Cornelis Hemmer und Corinna Hölzer aus Berlin.*

den Städter zu Bienenfreunden, wird sich das ziemlich schnell positiv auf die Landbienen auswirken.

Die Beziehung zwischen Stadt und Land muss revitalisiert werden, bedarf anschaulicher Beispiele der gegenseitigen Abhängigkeit. Die Biene kann hier gute Dienste als Botschafterin leisten. Die Städter verspeisen die meisten Früchte des Landes, täglich, ohne sich der Tragweite bewusst zu sein, wie sie durch ihre Kaufentscheidung an der Ladentheke die Entwicklung unserer Landwirtschaft mitgestalten könn(t)en.

Unsere Initiative setzt ganz auf Multiplikatoren und gute Beispiele. Voneinander lernen ist die Devise. Auch das ist in der Stadt leichter als auf dem Land. Die Beziehung zwischen Stadt und Land muss revitalisiert werden, bedarf anschaulicher Beispiele der gegenseitigen Abhängigkeit. Die Biene kann hier gute Dienste als Botschafterin leisten.

Von der Honigbiene zu den Wildbienen

Eine Binsenweisheit in der Kommunikation lautet: Hol die Leute da ab, wo sie stehen. Das ist auch unser Leitspruch. Wo stehen die Leute, wenn es um die Bienen geht? Klar, bei Biene Maja bzw. der Honigbiene. Dass es einmal 585 Wildbienenarten in Deutschland gab, inzwischen 39 Arten ausgestorben sind und von den verbliebenen Arten gut 40 % auf er Roten Liste der bedrohten Arten stehen, wussten 2010, im Gründungsjahr unserer Initiative, nur wenige Menschen! Geschweige denn, wie sie aussehen, was sie zum Leben brauchen und was man tun kann, um diesen bedrohten Tieren unter die Flügel zu greifen. Das wollten wir gerne ändern. Die Honigbiene kann hier, so unsere Auffassung, wertvolle Dienste leisten. Wenn die Honigbiene erst einmal das Interesse vieler Menschen geweckt hat, springt der Funke leicht auf die ebenso faszinierenden Wildbienenarten über. Der Vergleich zwischen staatenbildenden und einzeln lebenden Bestäuberinsekten ist nur einer der vielen Aha-Effekte! Das ist interessant und erstaunt die Leute!

Ein Maskottchen als sympathische Botschafterin

Eine stilisierte Zeichnung einer Biene erobert als Maskottchen der Initiative die Herzen der Menschen: die Biene als sympathische Botschafterin für eine gesunde Mensch-Umwelt-Beziehung. Meist hat sie die Farben der Stadtwappen übergestreift, manchmal zeigt sie aber auch die Farben, die einfach zum Stadtbild passen.

Sie erfreut auf Stickern, Aufklebern, Faltblättern, Postern, den Internetseiten und vielen anderen Kommunikationsmedien Jung und Alt. Die Biene ist wiederkehrende Begleiterin unserer Botschaften.

Unser Maskottchen machte in abgewandelter Form im Jahr 2017 sehr erfolgreich auf unseren bundesweiten Pflanzwettbewerb aufmerksam.

Die Städte-Initiativen von Deutschland summt! *präsentieren sich in unterschiedlichen Farben. Mehr dazu auf www.deutschland-summt.de*

Aufmerksamkeit schaffen!

Kommunikation ist immer. Kommunikation ist alles. So leicht, und doch so schwer. Die Erfahrung zeigt, dass es oft nicht ausreicht, gute Ideen zu haben oder aktiv zu sein. Wollen wir möglichst schnell möglichst viele Menschen für die Bienen und funktionierende Ökosysteme aktiveren, braucht es den Erfahrungsaustausch der bereits Aktiven und eine gute Kommunikationsstrategie, damit möglichst viele Menschen die Besonderheit des Themas ganz konkret spüren und verorten können.

Unsere Vision war, durch Honigbienen an ungewöhnlichen Orten der Stadt die Aufmerksamkeit der Medien auf die Nützlichkeit dieser Insekten zu lenken. Wir wissen, dass Medien starke Bilder, interessante Fakten und Prominenz für ihre Arbeit wertschätzen. Zudem wollten wir Entscheider aus Wirtschaft, Kultur, Kirche, Politik, Verwaltung, Wissenschaft und Bildung einladen, gemeinsam, öffentlich und medientauglich für die Förderung der Wild- und Honigbienen einzutreten.

Die Medien berichteten gerne von unseren Einweihungszeremonien auf Promi-Dächern – und alles nahm seinen Lauf.

Ganz nach dem Motto: Für eine vielfältige Natur können alle ihren Beitrag leisten. Die Idee war geboren, eine konzertierte Aktion zu initiieren.

Bienenstöcke auf repräsentative Standorte der Hauptstadt

Mit dem Beherbergen von Honigbienen auf ihren repräsentativen Häusern bekennen die Hausherren und -damen öffentlich: „Wir wertschätzen und anerkennen die große Bedeutung der Bienen für unsere Stadt und die gesamte Gesellschaft.“ Wenn wir gemeinsam mit dem Hausherren, seiner Presseabteilung, seinem persönlichen Referenten, seiner Sekretärin und vielen anderen Mitgliedern der Belegschaft mit einer kleinen Zeremonie feierlich auf dem Dach oder Gelände ihres prominenten Hauses den Bienen eine gute Zeit an dem neuen Standort wünschen, wirkt das identitätsstiftend: „Wir geben Bienen ein neues Zuhause! Wir sind Teil von *Berlin summt*! (oder anderen summenden Städten) und werden jetzt mehr über diese Insekten erfahren und das neue Wissen an unsere Gäste, Lieferanten und Partner weitergeben!“

Bienenstöcke und Wildbienen-Nisthilfen an repräsentativen Standorten der Hauptstadt medienwirksam aufzustellen, wie hier am Bundesfinanzministerium, ist gute PR für die Bienen.

Raus aus dem Tagesgeschäft, den Horizont erweitern

Auch ihre oft zahlreichen Mitarbeiter, Lieferanten, Kunden und Gäste der prominenten Imkerstandorte können über die Führungspersönlichkeiten gut erreicht werden. Wie wäre es, dem Gärtner aufzutragen, ab sofort heimische Blühstauden in den Firmengarten zu pflanzen, das ökologisch ausgerichtete Ehrenamt in den eigenen Reihen zu fördern oder den Kunden eigenen Haushonig zu schenken? Das alles kann viel Freude machen und den Berufsalltag mit einer Prise „Faszination für das Lebendige“ versüßen. Gemeinsam wollen und können wir eingeschliffene Muster durch Neue ersetzen, uns erproben und Erfolge feiern.

Aktionen für ein summendes Land

Grundsätzliche Idee bei „Deutschland summt!“: Erfahrungen und Konzepte weitergeben, statt das Rad neu erfinden zu lassen. Die Stiftung erleichtert Vor-Ort-Aktiven den Schritt in die professionelle Umweltkommunikation und gibt erfahrenen Bienenkennern die Möglichkeit, durch die Gemeinschaftsinitiative mehr mediale Resonanz und Wertschätzung für das eigene Tun zu erhalten.

Summen Sie schon mit?

Inzwischen gibt es neben „Berlin summt!“ 16 weitere Initiativen wie z.B. Hannover, Neuenhagen bei Berlin, Aschaffenburg, Eichstätt oder Schweinfurt. Bayern summt als erstes Bundesland sogar in Kooperation mit dem Staatsministerium für Umwelt mit. Auch einige Landkreise melden Interesse an, und als ausgefallener Promi-Standort ist seit 2015 das Bundesfinanzministerium Partner.

Ist es nicht unglaublich, wie solch ein kleines Insekt es in wenigen Jahren zum Kultobjekt schafft? Wir sind der Überzeugung: Viele Menschen können für den Naturschutz erwärmt werden, wenn sie einen angstfreien, offenen, fröhlichen und praxisnahen Zugang dazu gezeigt bekommen. Sie müssen in ihrem aufkeimenden Interesse und Engagement bestärkt werden und es muss überall in der Welt „Kümmerer“ geben, die diese Menschen herzlich begrüßen und sie an die kleinen und großen Tücken des Naturschutzes heranführen, z.B. an die regional passende Saatgutauswahl, Nisthilfenbau etc.

Ohne Kümmerer geht es nicht

Je vielfältiger die Zusammensetzung der Akteursgruppen ist, die sich engagieren, umso besser. Obstbauvereine, Kleingärtner, Imker, Urban-Gardening-Gruppen, Landschaftspflegeverbände, Kulturvereine, Naturschutzvereine, Künstler, Politik, Verwaltung oder Wissenschaft ... jeder kann privat oder beruflich seinen Teil dazu beitragen, dass die Welt bunter und lebendiger wird. Diese Gruppen zusammenzuführen, gemeinsame Erlebnisse zu schaffen und Bienenschutzmaßnahmen umzusetzen, darum geht es.

Engagierte „Kümmerer“, die ihre Kommune gemeinsam mit allen vorhandenen und neuen Aktiven ordentlich zum Summen bringen möchten, werden von unserer Stiftung für Mensch und Umwelt mit vielen Kommunikationsmaterialien unterstützt: Maskottchen-Aufkleber, Faltblätter, Banner, Poster usw. Dazu kommen Checklisten, Vertragsentwürfe, erprobte Umweltbildungskonzepte, Vernetzungsworkshops.

Im Folgenden wollen wir Ihnen kurz die wichtigsten Maßnahmen vorstellen und geben Beispiele von einigen summenden Standorten. Nachahmung empfohlen!

Dialog, Inspiration, Multiplikation

In Zeiten fortschreitenden Artensterbens versuchen Naturschützer oft, die Menschen mit Zahlen und Fakten zu mobilisieren, etwas dagegen zu unternehmen. Das allein reicht natürlich bei weitem nicht aus. Unsere Erfahrung mit „Deutschland summt!“ ist, dass viele Menschen durchaus bereit sind, sich einzubringen. Sie möchten sinnvolle Aktivitäten jedoch mit Spaß verbinden und dabei mit netten Menschen zusammen sein. Wir setzen daher sehr auf gemeinschaftliche Erlebnisse, bei denen jeder spürt: Ich bin nicht ein einzelner Spinner, sondern ich befinde mich inmitten fröhlicher Gleichgesinnter. Diese Menschen sind nach einer schönen Mitmachaktion eher bereit, sich auch den Fachinformationen zu widmen und auf Details zu achten, die im Naturschutz durchaus wichtig sind. Sie verstehen im Dialog, der nicht von oben herab funktioniert, warum regionales Saatgut sinnvoller ist als das Verstreuen von Saatgut, was von Pflanzen stammt, die nicht an die hiesigen Klima- und Bodenverhältnisse angepasst sind. Viele Menschen erleben es als inspirierend, wenn sie Neues lernen und Zusammenhänge verstehen.

Viele Kommunikationsformate – probieren Sie sich aus!

Folgende Kommunikationsformate haben sich in unserer Arbeit bewährt:

- Imkern an repräsentativen Standorten
- Wanderausstellungen: *Die Welt der Bienen ganz nah!*
- Gartenwettbewerbe in Privat-, Klein-, und Firmengärten
- Seminare zum bienenfreundlichen Gärtnern
- Info- und Aktionsstände – viele, viele ...
- Exkursionen zu Wildbienenstandorten
- Bienenkoffer: Umweltbildung für Kinder
- Stammtische der „Bee in Action“-Teams
- Wildbienenpatenschaften
- Kooperationen mit anderen Verbänden
- Website, Facebook und Co.
- Wildbienenschaugärten mit Infotafeln
- Wildbienen-Rallye im Naturgarten
- Wildbienen-Buffet im (halb-)öffentlichen Bereich wie Schulen und Parks
- Mobilisierende Pflanzwettbewerbe

Zum Weiterlesen

Honigbienen und Wildbienen

Bellmann, Heiko
Bienen, Wespen, Ameisen
Kosmos, 2017
Der reich bebilderte Bestimmungsführer hilft Ihnen nicht nur, Bienen und Wespen sicher zu unterscheiden, sondern auch die verschiedenen Arten zu erkennen, die in Ihrem Garten zu Besuch sind.

Westrich, Paul
Wildbienen – die anderen Bienen
Dr. Friedrich Pfeil, 2011
Von den 585 in Deutschland beschriebenen Wildbienenarten stellt der Autor hier die häufigsten 92 Arten vor.

David, Werner
Fertig zum Einzug: Nisthilfen für Wildbienen
Leitfaden für Bau und Praxis
Pala, 2016
Viele käufliche Nisthilfen sind für die Bedürfnisse von Wildbienen ungeeignet. Um Enttäuschungen zu vermeiden, erklärt dieser Ratgeber, wie Bau und Pflege geeigneter und abwechslungsreicher Nisthilfen gelingen.

Tautz, Jürgen
Phänomen Honigbiene
Elsevier, 2012
Wer dieses Buch liest, wird sich der Faszination Honigbiene kaum entziehen können. Alte Ansätze, frische Blickwinkel und neue Untersuchungen lassen das Bild des Superorganismus „Bien" entstehen.

Kelén, Joana
Tod einer Königin
Warum sterben Bienen wie die Fliegen?
Kosmos, 2016
Ein wunderbares Buch mit modernen Illustrationen für Naturfreunde und Imker-Einsteiger, das die Welt der Bienen und die Bedrohung des Bienenvolkes auf zeitgemäße Art vermittelt.

Lieckfeld, Claus-Peter und Markus Imhoof
More than Honey
Vom Leben und Überleben der Bienen
Orange Press, 2012
Im Begleitbuch zum Film spüren die Autoren den Ursachen für das massenhafte Bienensterben nach. Das Buch berichtet von fünf Jahren Recherche, präsentiert Hintergründe und geht da ins Detail, wo der Film sich auf Bilder beschränken muss.

Bienefeld, Kaspar
Imkern Schritt für Schritt
Alle Arbeiten rund ums Jahr
Kosmos, 2016
Das Buch ermöglicht mit leicht nachvollziehbaren Schritt-für-Schritt-Anleitungen einen einfachen Einstieg in die Praxis der Bienenhaltung.

Gerstmeier, David und Tobias Miltenberger
Ökologische Bienenhaltung
Die Orientierung am Bien
Kosmos, 2018
Die Autoren erklären, wie der „Bien", der Gesamtorganismus eines Bienenvolks, funktioniert und welche Bedeutung Schwarmgeschehen, Naturwaben, Honig und Behausung für eine wesensgemäße Bienenhaltung haben.

Pohl, Friedrich (Hrsg)
Bienenkiste, Korb und Einfachbeuten
Naturnah und erfolgreich imkern
Kosmos, 2013
Hier steht nicht der Ertrag im Vordergrund, sondern die Freude am Imkern als Hobby, an den Honigbienen und der Natur. Die vorgestellten Methoden greifen nur wenig in den Lebensrhythmus der Bienen ein.

Weber, Johannes
Bienen halten mit der Bienenbox
Ökologisch imkern auf kleinstem Raum
Kosmos, 2017
Die BienenBox ermöglicht das Imkern auf kleinstem Raum, sogar auf dem Balkon, und ist vor allem für Neu- und Freizeitimker ideal. Ein einfacher und gleichzeitig ökologischer Einstieg in die Imkerei.

Naturnah gärtnern

Beiser, Rudi
Essbare Wildkräuter und Wildbeeren
140 Arten, über 300 Abbildungen
Kosmos, 2012
Dieses Bestimmungsbuch hilft, sich dank der Einteilung nach Lebensräumen und mit Hilfe eines Farbcodes in der großen Artenvielfalt schnell zurecht zu finden. Viele dieser Pflanzen wachsen auch im Garten.

Berg, Peter
Biogärtnern leicht gemacht
Kosmos, 2017
Ob Kompostherstellung, Grundwassertest oder Insektenhotel – das Buch bietet 45 einfache Projekte, mit denen jeder beginnen kann, biologisch zu gärtnern.

Boomgarden, Heike, Bärbel Oftring und Werner Ollig
Natur sucht Garten
Ulmer, 2011
Mit den vorgestellten 35 Bausteinen können Sie sich Ihren Naturgarten ganz nach Wunsch zusammenstellen. Zahlreiche Tipps erleichtern Ihnen Schritt für Schritt den Weg zum naturnahen Garten.

Kern, Simone
Mein Garten summt!
Ein Platz für Bienen, Schmetterlinge und Hummeln
Kosmos, 2017
Ob Land oder Stadt, ein insektenfreundlicher Garten lässt sich überall verwirklichen. Wie man ihn plant, gestaltet und jahreszeitlich pflegt, wird Schritt für Schritt erklärt.

Gastl, Markus
Drei-Zonen-Garten: Vielfalt · Schönheit · Nutzen
Dr. Friedrich Pfeil, 2015
Das vom Autor entwickelte Drei-Zonen-Konzept ist für jede Gartengröße geeignet und spiegelt die Vernetzung und Funktionalität des großen Vorbilds Natur wider.

Staffler, Martin
Stadtbalkon & Dachterrasse
Grüne Oasen individuell gestalten
Kosmos, 2013
Auch kleine Stadtbalkone und Dachterrassen lassen sich in grüne Paradiese verwandeln, die Insekten Nahrung und Lebensraum bieten.

Register

Dank

Unser Dank gilt allen Imkern, mit denen wir offen über Herausforderungen in der Bienenhaltung sprechen konnten. Hilfreich war auch der Austausch mit Dr. R. Büchler, Prof. A.-M. Klein, Prof. R. Menzel und André Wermelinger. Der Vergleich Honigbiene/Wespe stammt von Dr. W. Mühlen, die Wildbienenbestimmungshilfe von Dr. C. Garrido. Großer Dank geht an auch H.-J. Sessner, der uns die fabelhaften Wildbienenfotos zur Verfügung stellte, sowie an N. Drescher und T. Ruppel (ebenfalls für die Fotos).

Bildnachweis

Beitzinger, Michaela (S. 9); Burke, Gary (S. 10 u); Chemnitz, Ulrike (S. 47); David, Werner (S. 68 o, 84, 91); Drescher, Nora (S. 30); Dumant, Maja (S. 108); Egbert, Martin (S. 77); Fischer, Christian (S. 75); Fotolia: © LianeM (S. 7, 44 l), © Nuncia (S. 10 m), © herculaneum79 (S. 11 r), © Kzenon (S. 12), © Martina Berg (S. 18), © Arnd Hertel (S. 2, 21), © Uwe Wittbrock (S. 76 l), © zigrit (S. 80), © Alessandro Laporta (S: 81 r); Frölich, Guido (S. 37); Gartenschatz (S. 11 l, 83 l); Gastl, Markus (S. 20, 82 r); GEDB – Thomas Ruppel (S. 110); Grüter, Dr. Christoph (S. 28 beide); Günter, Roland (Innenklappe hinten 1, 3 und 4); Haselböck, Andreas (S. 67 l, 69); Hecker, Frank (S. 72 o); Hemmer, Cornelis (S. 10 o, 42, 43, 45, 52, 57, 59, 74, 76 r, 78, 79, 89 l, 97, 119, 122); Hölzer, Corinna (S. 4, 44 r, 48, 51 r, 55 l, 58, 75m, 82 l, 88, 89 r, 96, 100, 109, 121 u; Innenklappe vorn 3 und 4); Hrncir, Alexander (S. 65); Jäckel, Klaus (S. 68 u); Jaeger, Claudia (S. 40); Luechow, Kerstin (S. 86); Kessler, Mario (S. 98 l); Noltekuhlmann, Chris (S. 38, 39); Pixelio: © isinor (S. 6), © Karl Dichtler (S. 8), © Florentine (S. 13 l), © Angelina S. (S. 15 l), © Helmut Brunken (S. 15 r), © manni66 (S. 17), © Meike Bornemann (S. 25), © Margot Kessler (S. 32), © Maja Dumat (S. 50 beide), © Klicker (S. 60), © Jürgen Hüsmert (S. 63), © Michael Wieske (S. 64), © Günter Havlena (S. 66), © Olga Meier-Sander (S. 81 l), © Kladu (S. 85), © Rainer Sturm (S. 94, 114, 117), © Takamuwi (S. 115); Pohl, Friedrich (S. 36, 51 l, 55 r, 56, 62, 101); Sessner, Hans Jürgen (S. 3, 70 beide, 71 beide, 72 m und u, 73 alle sechs, 75 o, 98 r, 99 o, 99 u, Innenklappe vorn 4, Innenklappe hinten 2 und 5); Shutterstock (S. 93); Shutterstock/Christian Musat (Innenklappe vorn 1); Shutterstock/Courtyardpix (Innenklappe vorn 2); Staemmler, Geert (S. 29, 34, 46); Stiftung für Mensch und Umwelt (S. 67 rechts, Außenklappe hinten); Tourneret, Eric (S. 103, 105, 111, 113, Innenklappe vorn 5); Trechow, Elke (S. 23, 24, 26 alle drei, 90); Wermeling, Andre (S. 116); Wikipedia: © Sean Hoyland (S. 22), © Joaquim Alves Gaspar (S. 83 r).

Illustrationen von Stiftung für Mensch und Umwelt © Sebastian Hähn (S. 13 r), cartoon & design (S. 27), GreenMediaNet © Anna-Lena Niefert (S. 31, 121) und karindrawings Karin Clauss (S. 120, Außenklappe vorn).

Impressum

Umschlaggestaltung von GRAMISCI Editorialdesign, München unter Verwendung von Farbfotos von Shutterstock (Vorderseite) und Hans Jürgen Sessner (Rückseite).

Mit 143 Farbfotos und 5 Farbzeichnungen

Gedruckt auf chlorfrei gebleichtem Papier

2., aktualisierte Auflage

ISBN 978-3-440-15412-0
Redaktion: Angela Beck
Gestaltungskonzept: eStudio Calamar
Gestaltung und Satz: DOPPELPUNKT, Stuttgart
Produktion: Andrea Hehn
Druck und Bindung: Westermann Druck Zwickau GmbH, Zwickau
Printed in Germany/Imprimé en Allemagne

MIX
Papier aus verantwortungsvollen Quellen
FSC® C110508
www.fsc.org